陕北紫花苜蓿生物学特性与营养品质

徐伟洲　史　雷　卜耀军◎编著

中国纺织出版社有限公司

图书在版编目（CIP）数据

陕北紫花苜蓿生物学特性与营养品质 / 徐伟洲等编著. --北京：中国纺织出版社有限公司, 2024.7.
ISBN 978-7-5229-1950-8

Ⅰ. S541.01

中国国家版本馆CIP数据核字第2024GA8960号

责任编辑：房丽娜　　责任校对：王蕙莹　　责任印制：储志伟

中国纺织出版社有限公司出版发行
地址：北京市朝阳区百子湾东里A407号楼　邮政编码：100124
销售电话：010—67004422　传真：010—87155801
http://www.c-textilep.com
中国纺织出版社天猫旗舰店
官方微博 http://weibo.com/2119887771
天津千鹤文化传播有限公司印刷　各地新华书店经销
2024年7月第1版第1次印刷
开本：710×1000　1/16　印张：11
字数：150千字　定价：98.00元

凡购本书，如有缺页、倒页、脱页，由本社图书营销中心调换

编委会

主　　编：徐伟洲　史　雷　卜耀军　耿金才
副 主 编：乔　雨　潘茉兰　韩　侠　毕台飞
　　　　　刘怀华　李军保　高　军　郭　伟
参编人员：张瑞益　付咪咪　乔　楠　李　瑞
　　　　　归　静　崔亦沐　雷　莉　贾雨真
　　　　　常瑜池　任　波　乔文军　张林媚

前 言

草食畜牧业作为陕西省的传统优势特色产业,在农业、农村、农民的经济生产中一直占有重要地位,在全省农业经济发展中具有重要支撑作用。榆林市地处陕北部五省交界处、黄土高原和毛乌素沙地的过渡地带,干旱少雨、生态脆弱,但是土地和饲草资源丰富,畜牧业历史悠久,古有"牛马衔尾、群羊塞道"的盛景,今天更是发展成为全国非牧区养羊第一大市、陕西畜牧业生产基地,羊子产业打造"四个百亿"级产业,并启动"双千万"工程。

饲草产业是发展高效优质畜牧业的重要物质基础,紫花苜蓿($Medicago\ sativa$),是多年生优质豆科饲草,被誉为"牧草之王",具有产草量高、品质优良和适口性好等优良性状,同时在保持水土和改良土壤等方面起到了积极作用。榆阳区为国家苜蓿产业发展战略布局区,是紫花苜蓿等优质饲草的优生黄金地带,紧密围绕建设"中国草业明珠"目标,探索推广多元化饲草种植模式,大力发展以紫花苜蓿为主的多年生优质饲草。但榆林地区在人工草地高质量建设过程中存在优良苜蓿品种短缺和栽培技术相对落后等问题,严重制约了饲草产业发展和种植户持续稳定增收。

针对上述问题,编者在系统整理研究团队及其研究生的科研成果的基础上,编写了这本《陕北紫花苜蓿生物学特性与营养品质》,以期为榆林地区从事紫花苜蓿种植的技术人员提供一定的实用参考技术。全书共六章,覆盖了陕北黄土丘陵区和风沙草滩区紫花苜蓿品种引种、筛选及其综合性状评价,以及配套优质品种配套丰产栽培技术集成等研究成果,内容包括了种子萌发与幼苗特性、根系形态、农艺性状、越冬返青、生物产量和营养品质,以及技术规范和仪器研制等方面。

本书的编写和相关试验研究得到了陕西省黄土高原饲用植物工程技术研究中心、榆林市草业工程技术研究中心、陕西省畜牧技术推广总站、榆林金桑生态科技有限公司、榆林市农业科学研究院、榆阳区草原工作站、陕西好禾来草业有限公司、榆林市草产业协会等单位和平台的大力支持。感谢陕西省科技资源开放共享平台项目"陕北饲草全产业链综合性检验检测平台（2024CX-GXPT-31）"，陕西省秦创原"科学家＋工程师"队伍建设项目"榆林特色高蛋白饲草产业提质增效"科学家＋工程师"队伍（2024QCY-KXJ-101）"，榆林市产学研项目"榆林风沙草滩地区优质牧草高产栽培技术集成（CXY-2022-88）"的资助。

历经岁月沉淀，众人孜孜不倦，尽管如此，因水平和经验所限，本书难免有一些遗漏和瑕疵，不足之处敬请专家、同行以及关心草产业发展的各界人士批评、指正。

编 者
2023 年 12 月

目录

第一章 绪论 ··· 1

第一节 紫花苜蓿的生物学特性 ·· 3
第二节 紫花苜蓿的环境适应性 ·· 5
第三节 紫花苜蓿的用途 ··· 6
第四节 紫花苜蓿的育种 ··· 7
第五节 紫花苜蓿的栽培管理 ··· 9

第二章 紫花苜蓿种子萌发特性 ··· 13

第一节 10种紫花苜蓿种子发芽及苗期特性研究 ································ 13
第二节 12种紫花苜蓿种子萌发及幼苗特性探究 ································ 18

第三章 紫花苜蓿根系与越冬性状 ·· 23

第一节 榆林风沙草滩地不同品种紫花苜蓿的根系形态特征 ·················· 23
第二节 氮、磷、钾配施对榆林沙地紫花苜蓿根系性状的影响 ··············· 35
第三节 不同紫花苜蓿生物量分配与越冬性状的相关性分析 ·················· 47
第四节 不同品种紫花苜蓿的越冬率及根颈根系分析 ··························· 54
第五节 留茬高度与入冬前灌水对紫花苜蓿越冬率的影响 ····················· 61

第四章 紫花苜蓿的引种研究 ·· 68

第一节 榆林风沙草滩区不同紫花苜蓿农艺性状的综合评价 ·················· 68
第二节 14个紫花苜蓿品种在农牧交错区的生长特征及品质 ················· 82

第三节　榆林片沙覆盖黄土区 20 个引进紫花苜蓿品种的综合性状
　　　　　　评价 ·· 92
　　第四节　榆林北部风沙草滩区苜蓿品种的生产性能与营养指标的
　　　　　　比较研究 ··· 102

第五章　施肥对紫花苜蓿综合性状的影响 ·· 120
　　第一节　施肥对紫花苜蓿生产性能的影响 ··· 120
　　第二节　施肥对紫花苜蓿营养品质的影响 ··· 137
　　第三节　综合评价施肥对紫花苜蓿的影响 ··· 148

第六章　陕北黄土高原紫花苜蓿栽培技术 ·· 154
　　第一节　黄土山地紫花苜蓿"品"字形宽窄行穴播种植方法 ············· 154
　　第二节　风沙滩地春播燕麦夏播紫花苜蓿的保护播种栽培方法 ·········· 159

参考文献 ·· 164

第一章 绪论

黄土高原为我国四大高原之一，是世界上分布最集中且面积最大的黄土分布区，总面积可达64万平方千米，范围包括太行山以西、青海日月山以东、秦岭以北、古长城以南的广大地区，是中华民族古代文明的发祥地之一。黄土高原面积广阔，土层深厚，地貌复杂，是黄土高原经过现代沟壑分割后留存下来的高原面。高原由西北向东南倾斜，海拔多在1000~2000米，受泾河、洛河、延河、无定河的切割，逐渐形成塬、梁、峁、沟等千沟万壑、地形支离破碎的特殊自然景观。梁、峁、坡地占总面积的70%~80%，仅西部的董志塬、洛川塬较为完整，为陕北高原主要的农业区。

陕北黄土高原地处陕西北部的黄土高原干旱、半干旱区，从北到南依次为长城沿线风沙治理区、黄土高原退耕还林区和黄桥林区，主要包括榆林市、延安市和铜川市。在风和流水等外营力作用下，区域内坡面侵蚀剧烈，沟谷发达，地表破碎，地形变化复杂，水土流失严重，生态环境极其脆弱，是中国水土流失最严重地区。新时代以来，陕北黄土高原结合实施乡村振兴战略，开展了生态清洁小流域建设。根据新时代黄土高原生态治理的新特点，中科院提出了"塬区固沟保塬，坡面退耕还林草，沟道拦蓄整地，沙区固沙还灌草"的"26字"建议，对黄土高原生态综合治理发挥了重要的指导作用。

一、气候

延长县和延川县等地区多为梁峁沟壑丘陵区，延安以西有较大河流的分水岭呈梁状丘陵，以南为塬梁沟壑区，现有保存面积较大且完整的黄土塬为洛川塬。宜川县因沟谷蚕食形成了破碎塬。在气候方面，由于陕西黄土高原南北介于北纬34°10′至39°35′，处于中纬范围，区域气候以暖温带为主。地近我国的西北内陆,在一年中受极地大陆气团及热带海洋气团交替影响,形成干湿过渡的大陆性季风气候。全区基本属于暖温带半干旱气候,仅北部边缘为中温带半干旱气候。区域年平均温度为3.6~14.3℃,具有冬冷夏热、冬夏温差大的温度特点。气温年较差和日较差大,且东部和西部的温度变化较大。大部分地区温度条件能满足农作物两年三熟的需要。

同时由于各地纬度的差异,形成南北气温的差别。夏季南部白昼时数较北部长,但太阳辐射量相差不大;冬季则相反,南部白昼时数也较北部长,太阳辐射量相差较明显。从而造成陕北黄土高原夏季气温南北相差不大,冬季相差较大的特点。陕北黄土高原春季冷空气活动频繁,气温变化剧烈。常有快速增温及大幅度降温的现象,因而常有霜冻、大风、沙尘天气。3~4月内增温6~8℃,4月平均气温均达10℃以上,5月可达16~18℃。夏季炎热多雨,许多地区有冰雹天气,平均气温19~25℃。秋季凉爽湿润,多霜冻。由于太阳辐射减弱和北方冷空气侵入,气温迅速下降,9月平均气温降到18℃以下,11月降到4℃以下。冬季受极地大陆气团影响,天气寒冷、干燥。1月平均气温在-10~-3℃。强寒潮时有侵入,造成强烈低温。极端最低气温,在陕北长城沿线为-30℃以下,榆林为-32℃。严寒期达50~70天。

二、土壤

陕北黄土高原土壤类型为黄土母质上形成的黄绵土,黄土是在风力吹扬搬运下,在干旱半干旱环境堆积的风尘堆积物,黄土以粉砂为主,细砂次之,黏土最少。黄土粒径自西北向东南逐渐变细,并以砂粒和黏粒的变化最为明显。砂粒的重量占比从北到南依次下降,北部榆林附近＞清涧、延安附近＞咸阳、宝鸡一带。黏粒重量占比则相反,榆林＜延安、清涧＜咸阳、宝鸡。这样自西北向东南可以把黄土高原黄土分为砂黄土、典型黄土和黏黄土三个带,砂黄土带以南为典型黄土带,典型黄土带以南为黏黄土带。

黄土结构特点为土体疏松,极易渗水。干燥时具有较大的强度,而遇水后土体会迅速分散、崩解,黄土的抗侵蚀能力弱。黄绵土是黄土母质经直接耕种而形成的一种幼年土壤。因土体疏松、软绵,土色浅淡,故名黄绵土。广泛分布于中国黄土高原。根据环境、土壤、养分等因素对黄绵土进行评价,大体可分三大类：一是宜农作物类。年降水量在 300mm 以上并有灌溉条件，地面坡度小于 20°~25°，包括塬地、梯田、川（沟）台地、弯塌地、峒地，以及坡度小于 20° 的梁峁缓坡地。此类地形部位的黄绵土水分状况好或较好，适于栽培农作物。二是宜植树造林类。坡度大于 35° 的陡坡地黄绵土，由于受地形限制，不宜种植农作物，但土壤水分状况较好，适于造林。三是宜种植牧草及饲料作物类。包括坡度 20°~35° 的梁峁陡坡黄绵土，植树造林受水分不足的限制而宜于发展牧草及饲料草类。

三、降水

陕西黄土高原年平均降水量在 300~700mm，但绝大部分区域在 400~600mm，仅局部地区多于 600mm 或少于 400mm，全区平均约 550mm。年降水量分布的最主要特点是南部多于北部。陕西黄土高原降水年内分配不均匀，降水量多集中在夏季风盛行期间，仅有少量降水分配在冬季风盛行期间，降水量的变化特点是夏多冬少、秋多春少。

春季（3~5 月），陕西黄土高原处于干旱时期，自北而南降水量为 50~120mm，季节降雨量占全年的 15%~20%，北部边缘约 60mm，南部可达 100~140mm，南北相差 40~80mm。如榆林春季降水量为 60mm，占全年降水量的 15%；夏季（6~8 月）炎热多雨，季节降水量占全年降水量的 50%~60%，自北而南降水量为 250~350mm，北部长城沿线一带为 170~290mm，黄土高原南缘为 300~350mm。如榆林夏季降水量为 247mm，占全年的 60%。秋季降水量占全年降水量的 20%~30%，自北而南为 90~180mm。如榆林秋季降水量为 98mm，占全年的 28%。冬季雨雪稀少，冬季降水量仅占全年的 1%~3%，只有 10~25mm。如榆林冬季降水量仅 10mm，占全年 2%。黄土高原地区的雨季多以 7 月上旬到 9 月中下旬，且雨季开始和结束前后不过 3 个月，呈现出夏秋雨型的特点。

第一节　紫花苜蓿的生物学特性

紫花苜蓿（*Medicago sativa* L.）又名紫苜蓿，蔷薇目、豆科、苜蓿属多年生草本植物。紫花苜蓿原产于伊朗和中亚西亚，我国在20世纪30年代科学引种，并在全国形成了大量的地方品种，如陇中苜蓿、淮阴苜蓿、关中苜蓿、保定苜蓿、新疆大叶苜蓿、北疆苜蓿、天水苜蓿等。70年代育成"草原一号"和"草原二号"新品种，现国家注册苜蓿品种已有60多个，但在生产上大面积推广的品种不多，主要为引进品种。目前紫花苜蓿常见品种一般有金牧2号、中苜1号、公农1号、费纳尔、阿迪娜、敖汉苜蓿、陇东苜蓿、骑士、金皇后、CW200、CW300等。

紫花苜蓿营养价值高、适应性强、再生能力强、产量高，具有耐旱、抗寒及抗盐碱等较强的抗逆性，被誉为"牧草之王"，在防止水土流失、改良土壤等方面发挥重要作用。紫花苜蓿产草量高、再生性强、耐收割，一年成熟即可刈割，一般刈割2~4次，多者刈割5~6次。每亩干草产量500~1000kg，在荒漠绿洲灌溉区，每亩干草产量800~1000kg。同时，紫花苜蓿寿命长，田间栽培利用年限多在7~10年。加之紫花苜蓿茎叶质地柔软、味道清香，同时含有丰富的蛋白质和粗纤维，适口性良好，常用以青饲、青贮、调制青干草、加工草粉，作为各种禽畜的上等饲料。因根系强大，入土深，干旱的忍耐性良好，同时紫花苜蓿属豆科植物，固氮能力优秀，因此具有极好的保土保肥能力，因此被广泛应用于改良土壤质量和生态修复。

紫花苜蓿株高一般为30~100cm，茎直立、丛生或匍匐，呈四棱形，多分枝。紫花苜蓿为直根系，主根垂直向下并在一定距离处长出侧根，主根粗壮，长达3~6m，侧根着生很多根瘤，现蕾期以前发生侧根，在营养生长阶段完成侧根生长。叶片为羽状三出复叶，小叶片呈倒卵状长圆形，基部全缘或具1~2齿裂，脉纹清晰；小叶长10~25mm，宽3~10mm，具有中脉伸出的长齿尖，基部狭窄，楔形，边缘三分之一以上具锯齿，叶上面无毛，深绿色，叶下面被贴伏柔毛，侧脉8~10对，与中脉成锐角，在近叶边处略有分叉。总状花序，长1~2.5cm，具花5~30朵；花长6~12mm，花梗短；萼钟形，被贴伏柔毛；蝶形花冠，深蓝至暗紫色，花瓣均具长瓣柄，旗瓣长圆形，先端微凹。荚果螺旋状紧卷2~4圈，径5~9mm，被柔毛或渐脱落，熟时棕褐色，内有种子10~20粒。种子卵形，小而平滑，呈黄色或棕色。花期5~7月，果期6~8月。因其花开紫色，故取名为紫花苜蓿。

紫花苜蓿喜欢温暖和半湿润到半干旱的气候，生长发育最适温度为25℃左右，适合种植在排水良好、水分充足、土壤肥沃的沙土或土层深厚的黑土；不宜种植在黏重土壤或极瘠薄的沙土、地下水位低及强酸强碱土壤。紫花苜蓿根系发达，因此耐旱；但不耐水淹，在年降水量超过1000mm以上而排水不良的地区不宜种植。苜蓿干草生产的最佳地区为干旱半干旱、有灌溉条件的地区，如甘肃、宁夏、新疆、内蒙古西部等地区。紫花苜蓿有较强的耐寒性，种子在5~6℃时即可发芽，并能耐受-6~-5℃的低温。当气温低于5℃时苜蓿生长停止，进入越冬休眠期。成株能耐受-30~-20℃的低温，在有雪覆盖的情况下能耐受-40℃的低温。

与发达国家相比，我国紫花苜蓿产业起步较晚。在国家的大力支持下呈现较快发展速度。我国的紫花苜蓿品种在粗蛋白含量、相对饲喂价值等方面与发达国家相比还有较大差距，需加大高产、优质及抗逆国产紫花苜蓿新品种。目前开展的紫花苜蓿研究工作对其品质提升、重要农艺性状改良，以及对生态环境的改善和畜牧业的发展具有重要意义。

第二节 紫花苜蓿的环境适应性

抗旱性：我国牧草种植地区大多集中在北方干旱、半干旱地区。干旱胁迫造成牧草大量减产，严重影响农业发展。紫花苜蓿是较抗旱的牧草，与其抗旱性相关的形态特征、生理特性和分子育种为较重点的研究内容。通过测定幼苗农艺指标、形态和生理特征综合评价各品种的耐旱性，并筛选出敖汉苜蓿为耐旱性最强的品种。张翠梅等研究认为，抗旱性较强的陇中苜蓿和抗旱性中等的陇东苜蓿会通过形态特征和生理特性的变化，适应干旱胁迫。紫花苜蓿植株体内可通过一系列生理生化反应来减缓或降低干旱胁迫造成的伤害，可用于紫花苜蓿抗旱性评价的生理指标主要有叶片相对含水量、膜相对透性、游离脯氨酸含量、叶绿素含量和过氧化氢酶活性，以叶片相对含水量、膜相对透性、游离脯氨酸含量和叶绿素含量作为鉴定指标进行聚类分析。

抗寒性：低温是限制紫花苜蓿产业快速发展的重要环境因素之一。抗寒性是植物经过长期遗传变异和自然选择形成的一种对低温环境的适应能力。国内学者对紫花苜蓿抗寒性的研究主要集中在生理生化机制、根系形态及筛选耐寒品种等方面。不同紫花苜蓿品种越冬前后，其根系的生理指标和越冬率存在差异。朱爱民等研究认为，根颈直径较大的紫花苜蓿调控根颈中可溶性蛋白含量、可溶性糖含量、过氧化氢酶活性和非结构碳氮比的能力较强，其抗寒性也较强。现有筛选的耐寒品种有龙牧801、龙牧803、龙牧806、草原1号、草原2号、草原3号、图牧1号、图牧2号、甘农1号、甘农2号、新牧1号、新牧2号、新牧3号、阿勒泰杂花苜蓿、北疆苜蓿、新疆大叶苜蓿、河西苜蓿、蔚县苜蓿、敖汉苜蓿和肇东苜蓿。

抗盐碱性：紫花苜蓿属中等耐盐碱植物，叶片具有排盐能力，能够在含盐量0.1%~0.8%的盐碱地中生长，50~100mmol/L的NaCl胁迫会降低产量。王彦龙等研究认为，选育耐盐紫花苜蓿品种的基础是种质材料耐盐程度的评价鉴定，植物在盐胁迫下表现出的耐盐性是一个复杂的过程，其耐盐能力受多种机制调节。渗透调节是其中一种重要的调节机制；游离脯氨酸和可溶性糖是研究紫花苜蓿耐盐能力的重要渗透调节物质。现筛选出的耐盐碱品种有中苜1号、中苜3号、龙牧801、龙牧806、新牧2号、新牧3号、沧州苜蓿、保定苜蓿、无棣苜蓿、河西苜蓿和阿勒泰杂花苜蓿。

第三节　紫花苜蓿的用途

（1）干草。苜蓿草产品深加工为草粉、草颗粒、草块、草饼、草捆、叶块、叶粒、浓缩叶蛋白添加剂等。紫花苜蓿蛋白质及钙含量高、纤维质量好，特别有助于幼畜生长发育。现蕾期刈割其产量可达3000kg/hm^2，高于大豆（1350~1800kg/hm^2）。此外，大量研究证明，长期饲喂苜蓿可提高粗饲料的比例，减少瘤胃酸中毒，改善瘤胃的环境，增强奶牛体质，减少疾病，提高奶牛产奶量以及品质。苜蓿是奶牛必需的优质粗饲料，尤其是高产奶牛。其粗蛋白≥9%，NDF≤40%，ADF≤31%，RFV≥150%，DMI≥3.0%，产奶净能≥1.54Mcal/kg。它含有丰富的蛋白质和营养物质，可以提高牲畜的肉和奶的产量，并且特别适合生产优质干草，在草地养殖中得到广泛的应用。

（2）青贮。与调制苜蓿干草相比，制作青贮饲料不仅不易受天气条件影响，而且可以有效地降低营养物质的损耗。研究发现，制成青贮后的苜蓿蛋白质含量丰富、适口性好、易消化，各种家畜均喜食；其营养价值高，作为优质的豆科牧草，苜蓿的蛋白含量高，可达18%~24%；各种氨基酸含量平衡，必需氨基酸的含量比玉米高5.7倍。其营养平衡，富含促生长因子以及丰富的胡萝卜素、维生素、黄酮类物质、苜蓿皂苷、矿物质元素和叶黄素等，尤其维生素A含量特别高，达44万IU/kg，是饲喂奶牛最重要的营养物质之一。

（3）土壤改良。紫花苜蓿可以通过固氮作用，将空气中的氮气转化为可供土壤利用的氨氮，增加土壤的肥力。在土壤改良方面，紫花苜蓿比其他草类更具优势。紫花苜蓿是一种优质的多年生豆科牧草，皆有生态效应和经济效应，常被用作退化草地的植被恢复和退化土壤生态修复的优良先锋植物，其共生固氮和生物改土功能已得到广泛证实。大量研究表明，种植紫花苜蓿可以提高土壤质量，增加土壤中碳氮含量，对土壤中活性有机碳氮的固存效果显著，对撂荒地、农田、矿区等土壤具有一定的改良作用。种植紫花苜蓿后提高了土壤中全氮和有效钾含量，提高土壤肥力。随着苜蓿种植时间的增加，生物产量减少，对土壤养分的消耗降低，根系－根瘤菌共生体更加成熟，固氮能力增强，大量的植物残体分解形成腐殖质，使土壤质量提高。

（4）其他用途。紫花苜蓿被广泛用于传统医学中。它富含黄酮类化合物，具有抗氧化、抗炎、抗癌等多种保健作用。紫花苜蓿的药用部位是全草，包括根、茎、叶、花和种子等。紫花苜蓿的种子富含油脂，可以提炼成油，但同时也非常适合作为绿肥种植。在大田农业中，被广泛用于种植后的土地修复、保墒、保肥等，还可以用于生产饲料、燃料、纤维等。在某些国家，紫花苜蓿还被用于制作肉制品的保鲜剂。

第四节　紫花苜蓿的育种

野生苜蓿调查、搜集及引种试验是紫花苜蓿育种工作所采用的主要办法，在苜蓿育种方面通常采用选择育种、杂交育种、雄性不育系育种、生物技术辅助育种、航天育种等方法。较常见的育种方法为选择育种和杂交育种。选择育种作为最常见的育种办法，依托自然环境、气候因子、土质资源、水肥条件等因素，筛选适宜地区种植的紫花苜蓿品种，并通过选育确立适宜的目标性状，以人工参与方式完成育种工作。该方法实用性强且运用普遍，在紫花苜蓿育种过程中具有重要意义。杂交育种是通过干预紫花苜蓿种群基因，以基因重组方式，对不同种群进行杂交，在杂种后代中选择优良性状并选择育成纯合品种，以达到最大程度发挥优良性状的效果。多数情况下，杂交育种与选择育种方法相结合。

雄性不育系育种多用于败育系雄性紫花苜蓿品种中，自1978年内蒙古农业大学吴永敷教授从草原1号杂花苜蓿（*Medicago varia* Martin.cv.Caoyuan No.1）中选育出6株雄性不育株后，我国已断断续续发现不育株与不育系并在开放授粉条件下获得了F1代种子。生物技术辅助育种是对紫花苜蓿的DNA进行重组，对植物细胞进行基因改造，该方法为苜蓿改良提供新途径，一般分子标记辅助育种通常结合常规育种方法，在我国的生物技术育种研究中，较多集中于紫花苜蓿的抗性研究试验中。航天育种是利用返回式航天器和高空气球进行高空诱变，研究其细胞学效应选育变异品种，并通过杂交育种方法达到选育紫花苜蓿综合优良性状的目标。雄性不育系育种、生物技术辅助育种、航天育种等育种方法常与杂交育种和选择育种方法相结合，同时因其技术难度高，推广率远不及杂交育种与选择育种。

多年来，我国苜蓿研究已取得突出进展，但仍存在较多问题。目前，选育高产、优质、多抗的紫花苜蓿新品种仍是当下试验研究的大方向。同时，针对不同地区的自然环境，紫花苜蓿的研究选育各有差异，需通过引种适应性试验，测定其农艺性状指标与营养品质指标，培育适口性能好、营养价值高、高产优质的抗逆性紫花苜蓿品种，并进行区域性推广，兼顾当地经济效益，助力地区经济发展。

第五节　紫花苜蓿的栽培管理

科学的栽培管理技术是紫花苜蓿优质高产的先决性条件，面对当下的栽培发展新需求，不断优化栽培管理体系是现阶段的重中之重。当前，紫花苜蓿在栽培管理中主要面临两大问题：一是优良苜蓿品种的选育工作，引种作为选育最常见的方法和手段，具有难度低、见效快等优点，被各专家和学者广泛接纳并采用。紫花苜蓿为多年生植物，而目前国内外紫花苜蓿品种繁多，各品种间生长适应性与抗性差距较大，选育适宜该地区生长的紫花苜蓿品种，需要进行大量的试验与研究。二是水肥管理体系的确立，在不同的水肥耦合下，紫花苜蓿的农艺性状与营养品质会有显著差异，需要结合当地实际，确立适应的氮磷配施组合，并建立合理的栽培管理技术体系。

一、土壤类型及苗床准备

紫花苜蓿属多年生豆科牧草，喜温暖、半湿润的气候环境，环境适应性强，分布范围较广，抗旱耐寒不抗涝，根系较为发达，在年降雨量300~800mm 的地区均可存活。紫花苜蓿在土壤适应性方面，除过黏、过酸、过碱和过贫瘠的土壤环境外均适宜生长，最喜深厚疏松且富含钙的土层。且土壤 pH 值以 6~8 为宜，当土壤 pH 值过低时会使紫花苜蓿因缺钙导致根瘤无法形成，从而影响生长，因此当 pH 值小于 6 时，应适当施碱石灰。

紫花苜蓿出苗期一般为 3~4 天，在幼苗生长初期极易受到盐碱胁迫，因此地下水位须在 1m 以下，土壤含盐量须低于 0.3%。紫花苜蓿在 80 天生长期左右株高可达 50~70cm，主根长度达 100cm 以上，秋播宜早，否则不宜过冬。紫花苜蓿生长前期根系弱小，并不具备固氮能力，需施加一定量的氮肥，同时可搭配腐熟有机肥 15 000~22 500kg/hm^2，建议每亩（667m^2）施农家肥 2000kg+ 尿素 15kg+ 过磷酸钙 50kg+ 硫酸钾 50kg 作为底肥。为防止其他物种抢夺资源，要对所选苗床进行翻耕，推高垫低，并喷洒农药灭除根蘖性杂草，灌水压碱 1~2 次，平整地块，次年种植为宜。

二、品种选择

紫花苜蓿全球种类多达六百多种，生长普遍且易存活。紫花苜蓿能有效改善土质，提高土壤肥力，是多年生优质牧草，可入药。针对不同选择需求，紫花苜蓿的品种选育各有差异。紫花苜蓿根系长有固氮根瘤菌，可有效培肥，多被用于干旱、半干旱区的生态修复、毛乌素沙区的治理与研究中，可有效改善土质，增加物种多样性。紫花苜蓿耐寒不耐热，难以度过南方湿热酷暑。随着技术的不断提高，目前耐旱品种的选育已有明显进展。对地区经济发展而言，选育适宜的紫花苜蓿品种尤为重要，需充分考虑该品种在该区的生长适应性、农艺性状、营养品质、产量、适口性及抗逆性等。在医用方面，紫花苜蓿富含丰富的维生素和矿物质，含有淀粉酶、凝固酶、苦杏仁酶、转化酶、脂肪酶、果胶酶、过氧化氢和蛋白酶等基本酶，且具有清肺热、清湿热、利尿消肿、消炎、辅助降血糖和降胆固醇等功效。

三、播种管理

选定紫花苜蓿品种后，为保证种子发芽率，挑选颗粒饱满的种子进行淋洗、晾干，并在播种前将根瘤菌、肥料、农药等按比例拌匀制作种子包衣，为后期紫花苜蓿的生长提供前期保障。播种期以春播和秋播为主。春播时间一般在3月下旬至5月初，待土层解冻后，湿度相对较高，当地表温度稳定达5~6℃时即可播种，易获全苗且可获两茬，第二年可确保较高产量。需多加注意的是，冬季过后盐碱地区含盐量较高，紫花苜蓿幼苗易受盐碱胁迫，死苗现象严重，因此不易播种。秋季播种杂草危害轻，雨季过后土壤湿度适宜，出苗率和成活率较高，为最佳播种期，但秋播最迟不得晚于"大暑"，过迟播种不利于过冬，一般以8~9月为宜。夏季气温较高，雨水充沛，紫花苜蓿生长迅速，但易被杂草争夺养分，病虫害危害严重，在种植前夕应封闭灭草，避开暴雨和暴晒时间段。

播种分为人工撒播和机械化播种，人工撒播多用于小地块补撒、坡地，作物间套作时使用，种子包衣制作完成后以1:6~1:8的比例与细沙随掺随播，先灌水后播撒，表层轻盖浅覆土。机械化播种适合大面积种植，出苗整齐，利于田间集中管理。相较机械化播种而言，人工撒播深浅不一，出苗不整齐，无法保证行距。播撒方式包括撒播和条播，条播行距一般为15cm，播种深度为1~2cm，播种后镇压保墒，有利于紫花苜蓿种子吸水出苗。播种坚持"土湿宜浅、土干则深、宁浅不深"原则，机械条播播种量为1~1.5kg/亩，人工撒播播种量2kg/亩左右，盐碱地区可适当增加播种量，干旱地区种植不宜过密。可单播，也可在小麦二次浇水后进行套作，或与其他禾草品种混播。播种后需及时查苗补苗，确保出苗率和种植密度。

四、田间管理

紫花苜蓿在幼苗生长期需水量较大，在种子萌发期需确保土壤湿度，苜蓿喜水但不耐涝，当根部浸水3~5天会因植株根部腐烂而导致死亡，种植紫花苜蓿的地区应积极做好排水保湿工作，确保排水体系畅通。紫花苜蓿出苗5~8片叶时需进行浇水作业，当植株叶片颜色变浅时代表植物体缺水，应做到及时给水灌溉。次年开始，每年灌水量不少于4次，分别为每年3月底4月初的返青水、一割一灌、越冬前的越冬水，刈割后不少于2次灌溉，收割二茬时不少于6次水，灌后4h需排净地表水。夏秋两季应密切关注雨水情况，避免田间积水。灌水以浇灌和喷灌为主，浇灌要求沟渠配套设施，对土地平整度具有极高的要求，随着节水农业的发展，浇灌已不适用于现代农业发展。

紫花苜蓿属多年生豆科草本植物，根瘤菌具固氮效果。但在贫瘠土地头茬种植时，播种前需施加尿素75kg/hm^2、磷二铵75kg/hm^{2}作基肥。在植建当年根瘤菌未形成前应施3~5kg/亩氮肥，并确保每年返青前和刈割后追施尿素5~6kg/亩，其余时间段可不施氮肥。但应注意磷、钾肥的施用量。不同地区、不同品种的紫花苜蓿对氮、磷、钾肥的吸收情况和需求量不同，就牧草而言，产量、营养品质及适口性更为重要，紫花苜蓿氮磷肥的最优配施组合是每个地区经济发展必须解决的关键性问题。

五、杂草与病虫害防治

幼苗生长初期极其脆弱，需在紫花苜蓿播种前期深翻喷药除草，同时在苜蓿返青前及二次刈割期均需做好除草工作，可采用中耕、耙切等物理方法或喷洒化学药物等化学手段进行除草管理。待初春土层解冻后，在3月底4月初使用 2.25kg/hm^2 氟乐灵混合 3.75kg/hm^2 阿畏达兑水 450kg 在无风的条件下横竖交叉喷施，可达防除阔叶杂草灰藜及禾本科杂草的效果。喷施一周后可播种。在苗期时可使用稳杀得 1 500~1 800mL/hm^2 兑水 225kg，或禾草克 1 500mL/hm^2 兑水 225kg，或禾草灵 3 000mL/hm^2 兑水 450kg 均匀喷施。除药物除草外，可在紫花苜蓿 6 月或 7 月刈割后，在杂草落籽前彻底割除并清除。对于单子叶杂草可通过单子叶除草剂进行防除；紫花苜蓿为双子叶植物，对于双子叶植物，一般采用人工防除；在小麦套播苜蓿时，只能人工防除。菟丝子是生命力极其顽强的寄生性杂草，极易造成紫花苜蓿的成片死亡，难以根除，一经发现须人工割除并放置空地暴晒防除。化学药剂除草需确保刈割前 15~20 天药物失效，避免家畜中毒。

蚜虫、盲蝽象、潜叶蝇是紫花苜蓿在种植中较常见的虫害，可用 40% 乐果乳剂加水 1 000 倍喷雾或采用氰戊菊酯等进行防治。常见的病害有白粉病、霜霉病、锈病、褐斑病等，可用多菌灵、甲基托布津等进行防治。药剂防治会影响紫花苜蓿的营养品质和适口性，不可长期使用。随着生长年限的增加，紫花苜蓿的病虫草害显著增加，生长期达 4 年以后的紫花苜蓿发病率较高，可采用提前刈割、摘除病叶、喷施化学药剂等方法进行防治。最高效的解决措施是选育抗病品种及播种前药剂拌种。

六、收获管理

紫花苜蓿每年刈割 3~5 次，选择晴朗无雨天气收割最好。最佳刈割期为孕蕾至初花期，一般为 5 月中下旬，始花期到盛花期为 7~10 天，最晚不能超过盛花期。始花期的紫花苜蓿粗蛋白含量最高，盛花期叶片大量脱落，茎秆纤维化，适口性和营养品质急剧下降。刈割时间间隔 45 天以上为宜，刈割后一般留茬 5cm 左右，过高或过低都会影响下茬的生长，最后一次刈割留茬高度以不低于 10cm 为宜，且需保留 50 天左右的生长期，更有利于根部的养分积累及次年萌芽返青。收割后应将苜蓿平铺在地里，自然晾晒，48h 翻 1 次，再晾晒 24h 左右即可打捆立在田间，再晾晒半天，当含水量降至 17% 左右即可收贮运输，风干时间过久会导致紫花苜蓿落叶，从而影响苜蓿质量。

第二章 紫花苜蓿种子萌发特性

第一节 10种紫花苜蓿种子发芽及苗期特性研究

一、材料与方法

(一) 试验材料

10种紫花苜蓿种子，包括42IQ苜蓿、阿尔冈金苜蓿、皇后苜蓿、敖汉苜蓿、中苜1号苜蓿、甘农3号苜蓿、三得利苜蓿、驯鹿苜蓿、劳博苜蓿、本地苜蓿。均来自北京中蓄东方草业科技有限责任公司。

(二) 试验方法

1. 种子萌发实验

根据GB/T 2930.4—2001《牧草种子检验规程发芽试验》进行苜蓿种子的发芽试验。本实验从2015年12月4日开始，用普通培养皿做发芽床，每个苜蓿品种设3个重复，每个重复采用100粒种子。先在直径为100mm的培养皿内铺设2层滤纸，使吸水纸始终保持湿润，将种子置于滤纸上，再将培养皿放置在25℃恒温培养箱内进行暗培养，在发芽期间每天检查温度和湿度3次(早，中，晚)，使发芽床保持湿润。正常发芽的种子为具有正常幼根且至少有1片子叶或2片子叶保留2/3以上(不含)的种子。待种子开始萌发后，每天下午6点，记录第一天至第五天萌发正常的种子数，再将不正常种苗及腐烂种子捡出并记录。

2. 测定指标

(1) 发芽率的测定：

计算公式为：

$$发芽率（\%）=\frac{5 天的种子发芽数}{供试种子总数}×100\%$$

(2) 发芽势的测定：

计算公式为：

$$发芽势（\%）=\frac{3 天的种子发芽数}{供试种子总数}×100\%$$

(3) 芽长及根长的测定：

芽长、根长在培养第 5 天进行测定，每个重复随机选取 10 株幼苗，用直尺测量每株的苗高、根长，结果用平均值表示。

(4) 鲜重的测定：

鲜重在培养第 5 天进行，每个重复随机选取 10 株苗，用万分之一天平准确测定 10 株幼苗的芽重、根重，结果用平均值表示。

3. 统计分析

本研究数据以平均值表示，数据分析采用 SPSS 17.0，图表制作及处理采用 Excel 2007。

二、结果与分析

（一）种子发芽率、发芽势的比较

种子发芽率、发芽势是衡量种子质量好坏的重要指标。种子发芽率高，说明种子生命力较强。由表 1 可知，不同苜蓿品种发芽率之间存在一定的差异性。10 个苜蓿种子的发芽率范围为 53.33%~97.33%。中苜 1 号苜蓿最高，为 97.33%，42IQ 苜蓿、甘农 3 号苜蓿、皇后苜蓿、驯鹿苜蓿发芽率较高，分别为 89.67%、89.33%、88.33% 和 85.33%，而其他苜蓿品种的发芽率相对较低，均在 80% 以下。发芽率排序由高到低依次为中苜 1 号苜蓿＞42IQ 苜蓿＞甘农 3 号苜蓿＞皇后苜蓿＞驯鹿苜蓿＞其他。

种子发芽势越高，出苗越整齐。从表 2-1 可知，在发芽势方面，表现较好的为中苜 1 号，不同苜蓿品种发芽势排序由高到低依次为中苜 1 号苜蓿＞甘农 3 号苜蓿＞42IQ 苜蓿＞皇后苜蓿＝驯鹿苜蓿＞敖汉苜蓿＞其他。

综上所述，在发芽率、发芽势方面，表现最好的是中苜1号苜蓿，这个品种出苗率较高，出苗较整齐。

表2-1　10种紫花苜蓿种子的发芽率、发芽势

品种	发芽率（%）	发芽势（%）	品种	发芽率（%）	发芽势（%）
42IQ苜蓿	89.67 ± 4.72ab	45.00 ± 3.60abc	甘农3号苜蓿	89.33 ± 11.01ab	45.67 ± 8.02abc
阿尔冈金苜蓿	53.33 ± 13.05c	26.67 ± 7.37def	三得利苜蓿	76.67 ± 9.07b	36.67 ± 6.50cde
皇后苜蓿	88.33 ± 8.02ab	43.33 ± 5.13abc	驯鹿苜蓿	85.33 ± 8.02ab	43.33 ± 6.50bc
敖汉苜蓿	78.33 ± 0.57ab	39.33 ± 0.57bcd	劳博苜蓿	71.67 ± 3.51b	36.00 ± 1.73cde
中苜1号苜蓿	97.33 ± 1.52a	50.67 ± 1.52ab	本地苜蓿	57.67 ± 4.04c	26.00 ± 2.64ef

注：同一列数据中不同小写字母表示差异显著（$P < 0.05$）。

（二）紫花苜蓿种子苗期特性的比较

根长和芽长在种子萌发阶段的差异可以直接反应不同苜蓿品种在生长上的差异性和发育部位的优先性。由表2-2可知，不同苜蓿品种的根长具有一定的差异，其根长的范围是2.40~5.97cm，相差达3.57cm。根长较长的是甘农3号苜蓿和中苜1号苜蓿。较短的是本地紫花苜蓿、劳博苜蓿。不同紫花苜蓿品种根长排序由高到低依次为甘农3号苜蓿＞中苜1号苜蓿＞三得利苜蓿＞驯鹿苜蓿＞敖汉苜蓿＞皇后苜蓿＞42IQ苜蓿＞阿尔冈金苜蓿＞本地苜蓿＞劳博苜蓿。

表2-2　10种紫花苜蓿种子的苗期特性

品种	根长（cm）	芽长（cm）	鲜重（g）	根长/芽长	隶属函数平均值	排序
42IQ苜蓿	3.16 ± 0.31ab	0.46 ± 0.06c	0.0873 ± 0.0003c	6.85 ± 0.98a	0.48	6
阿尔冈金苜蓿	3.03 ± 0.84c	0.43 ± 0.15c	0.0445 ± 0.0006g	7.20 ± 1.29a	0.29	8
皇后苜蓿	3.40 ± 0.75ab	0.46 ± 0.12c	0.0552 ± 0.0050f	7.33 ± 0.80a	0.38	7
敖汉苜蓿	5.50 ± 1.25a	0.86 ± 0.12bc	0.0910 ± 0.0002c	6.31 ± 0.81ab	0.73	3
中苜1号苜蓿	5.93 ± 1.55a	0.93 ± 0.23bc	0.0756 ± 0.0007d	6.35 ± 0.32ab	0.71	4
甘农3号苜蓿	5.97 ± 1.15a	1.40 ± 0.44a	0.1002 ± 0.0004a	4.40 ± 0.92abc	0.84	1

续表

品种	根长（cm）	芽长（cm）	鲜重（g）	根长/芽长	隶属函数平均值	排序
三得利苜蓿	5.83 ± 1.21a	1.10 ± 0.26ab	0.0950 ± 0.0049b	5.43 ± 1.11ab	0.79	2
驯鹿苜蓿	5.76 ± 1.66a	0.83 ± 0.06bc	0.0646 ± 0.0006e	6.93 ± 2.08a	0.66	5
劳博苜蓿	2.40 ± 0.26c	0.66 ± 0.15bc	0.0576 ± 0.0002f	3.81 ± 1.40bc	0.18	10
本地苜蓿	2.76 ± 0.57c	0.80 ± 0.20bc	0.0626 ± 0.0012c	2.72 ± 0.40c	0.20	9

注：同一列数据中不同小写字母表示差异显著（$P < 0.05$）。

从表2-2可知，不同苜蓿品种的芽长也具有一定的差异，其芽长范围是0.43~1.40cm，最长的是甘农3号苜蓿，最短的是阿尔冈金苜蓿，相差0.97cm。不同紫花苜蓿品种芽长排序由高到低依次为甘农3号苜蓿＞三得利苜蓿＞中苜1号苜蓿＞敖汉苜蓿＞驯鹿苜蓿＞本地苜蓿＞劳博苜蓿＞42IQ苜蓿＝皇后苜蓿＞阿尔冈金苜蓿。

苜蓿种子萌发初期，不同部位的生长状况可以通过根长与芽长的比值来反应，与此同时还可以减少单独比较根长和芽长所带来的误差。从表2-2可知，皇后苜蓿的根长与芽长的比值最大，为7.33。而本地苜蓿的根长与芽长的比值最小，为2.72，说明苜蓿苗期幼苗芽生长较快。

从表2-2可知，不同苜蓿品种间的种子鲜重间的差异较显著，最重的是甘农3号苜蓿，为0.1002g，最轻的是阿尔冈金苜蓿，为0.0445g。

由表2-2中的隶属函数平均值可以看出，在整体苗期特性方面，表现较好的是甘农3号苜蓿、三得利苜蓿、敖汉苜蓿和中苜1号。表现较差的是本地苜蓿和劳博苜蓿。不同紫花苜蓿的整体苗期特性隶属函数平均值排序由高到低依次为甘农3号苜蓿＞三得利苜蓿＞敖汉苜蓿＞中苜1号＞驯鹿苜蓿＞42IQ苜蓿＞皇后苜蓿＞阿尔冈金苜蓿＞本地苜蓿＞劳博苜蓿。

（三）发芽性状的相关性分析

表示紫花苜蓿发芽特性的指标有很多，但用一个或几个综合指标来体现其发芽特性是很难的。通过对发芽性状进行相关性分析，可将相关性较大的指标划分为一类，以减少测定指标的数量，最后达到精简优化测定。由表2-3可知，不同发芽性状之间的相关性存在较大差异，特别是发芽率与发芽势、鲜重之间，鲜重与根长、芽长之间，以及根长与芽长之间的相关性达到了极显著水平，根长与发芽势、发芽率之间，发芽势与鲜重，根长/芽长与芽长呈现出显著相关。其中芽长与根长/芽长呈现出负相关关系，其他指标性状间呈现正相关关系。

表2-3　10种紫花苜蓿种子的主要发芽性状的相关性分析

	发芽率	发芽势	根长	鲜重	芽长	根长/芽长
发芽率	1					
发芽势	0.984**	1				
根长	0.447*	0.451*	1			
鲜重	0.464**	0.462*	0.554**	1		
芽长	0.258	0.258	0.715**	0.598**	1	
根长/芽长	0.309	0.330	0.261	−0.092	−0.409*	1

注："*"表示显著相关（$P < 0.05$）；"**"表示极显著相关（$P < 0.01$）。

三、结论

（1）不同紫花苜蓿品种间种子发芽率、发芽势差异极显著。根据国家标准GB 6141—2008草种分级指标可知，紫花苜蓿的发芽率低于80%就不能在市场上销售，所以除中苜1号、42IQ苜蓿、甘农3号苜蓿、皇后苜蓿、驯鹿苜蓿之外，其他供试紫花苜蓿品种均应该淘汰（包括本地品种）。

（2）不同紫花苜蓿品种间的主要苗期特性差异极显著。在根长方面，表现较好的是甘农3号苜蓿和中苜1号苜蓿；在芽长方面，表现较好的为甘农3号苜蓿；在根长与芽长比值方面，表现较好的为皇后苜蓿；在鲜重方面，表现最好的为甘农3号。在整体苗期特性上，表现较好的是甘农3号苜蓿、三得利苜蓿、敖汉苜蓿和中苜1号，表现较差的是本地苜蓿和劳博苜蓿。10个紫花苜蓿品种根长与芽长比值的范围为2.72~7.33，说明苜蓿幼苗在期间根的生长比芽的生长快。

（3）不同苜蓿发芽性状间具相关性。不同发芽性状之间的相关性差异较大，在测定发芽特性时，可用根长指标代替芽长、鲜重指标，同样可用发芽率代替发芽势指标，进而简化测定指标，即仅用发芽率、根长、芽长表示发芽特性。

第二节　12种紫花苜蓿种子萌发及幼苗特性探究

一、材料与方法

(一) 试验材料

供试种子为12种紫花苜蓿种子，包括内蒙古紫花苜蓿、龙牧801、苜蓿1号、甘肃紫花苜蓿、苜蓿4号、WL323、苜蓿5号(宝鸡)、苜蓿王紫花苜蓿、苜蓿2号、苜蓿3号、金皇后苜蓿、WL319HQ苜蓿。均来自北京中蓄东方草业科技有限责任公司。

(二) 试验方法

1. 种子萌发实验

根据 GB/T 2930.4—2001《牧草种子检验规程发芽试验》进行苜蓿种子的发芽试验。本实验从2015年12月4日开始，用普通培养皿做发芽床，每个苜蓿品种设3个重复，每个重复采用100粒种子。先在直径为100mm的培养皿内铺设2层滤纸，使吸水纸始终保持湿润，将种子置于滤纸上，再将培养皿放置在25℃恒温培养箱内进行暗培养，在发芽期间每天检查温度和湿度3次 (早，中，晚)，使发芽床保持湿润。正常发芽的种子为具有正常幼根且至少有1片子叶或2片子叶保留2/3以上(不含)的种子。待种子开始萌发后，每天下午6点，记录第一天至第五天萌发正常的种子数，再将不正常种苗及腐烂种子捡出并记录。

发芽标准：要有正常的比种子自身长的幼根，且至少有一片叶与幼根相连，才被列为发芽种子，如有幼芽或幼根残缺、畸形、腐烂、萎缩等，均不算发芽。

2. 测定指标

(1) 发芽率的测定：

计算公式为：

$$发芽率(\%) = \frac{5天的种子发芽数}{供试种子总数} \times 100\%$$

(2) 发芽势的测定：

计算公式为：

$$发芽势(\%) = \frac{3天的种子发芽数}{供试种子总数} \times 100\%$$

(3) 芽长和根长的测定：

芽长、根长在培养第 5 天进行测定，每重复随机选取 10 株苗用直尺测量每株的苗高、根长，测量结果以平均值表示。

(4) 鲜重的测定：

培养第 5 天后进行鲜重的测定，每个重复随机选取 10 株幼苗，用万分之一天平测定其幼苗的芽重和根重，结果用平均值表示。

3. 统计分析

本文数据采用平均值表示，用 SPSS 17.0 进行数据分析，用 Excel 2007 进行图表处理。

二、结果与分析

(一) 种子发芽率、发芽势对比分析

种子发芽率、发芽势是衡量种子质量好坏的重要指标。种子发芽率高，说明种子生命力较强。由表 2-4 可知，不同品种发芽率之间存在较大差异。12 个苜蓿种子发芽率的范围为 11.33%~97.00%。WL323 最高，为 97.00%；内蒙紫花苜蓿、苜蓿王紫花苜蓿发芽率较高，分别为 80.33% 和 80.00%；其他供试苜蓿品种发芽率较低，均在 80% 以下。不同苜蓿品种发芽率排序由高到低依次 WL323＞内蒙古紫花苜蓿＞苜蓿王紫花苜蓿＞WL319HQ 苜蓿＞龙牧 801＞金皇后苜蓿＞苜蓿 1 号＞苜蓿 3 号＞甘肃紫花苜蓿＞苜蓿 4 号＞苜蓿 5 号(宝鸡)＞苜蓿 2 号。

种子发芽势越高，出苗越整齐。从表 2-4 可知，在发芽势方面，表现最好的为 WL323。不同苜蓿品种发芽势排序由高到低依次为 WL323＞WL319HQ 苜蓿＞苜蓿王紫花苜蓿＞内蒙古紫花苜蓿＞金皇后苜蓿＞龙牧 801＞苜蓿 1 号＞苜蓿 3 号＞甘肃紫花苜蓿＞苜蓿 4 号＞苜蓿 5 号(宝鸡)＞苜蓿 2 号。

表2-4 12种紫花苜蓿种子的发芽率、发芽势

品种	发芽率（%）	发芽势（%）	品种	发芽率（%）	发芽势（%）
金皇后苜蓿	67.67 ± 4.16b	34.67 ± 2.08bc	苜蓿3号	41.33 ± 5.50cd	19.33 ± 2.51de
WL319HQ苜蓿	76.0 ± 14.79b	40.33 ± 9.45b	苜蓿1号	50.00 ± 19.67c	25.33 ± 11.50cd
内蒙古紫花苜蓿	80.33 ± 3.05b	35.33 ± 0.57bc	苜蓿王紫花苜蓿	80.00 ± 4.00b	39.00 ± 1.00b
龙牧801	68.33 ± 4.04b	32.67 ± 3.05bc	WL323	97.00 ± 3.00a	53.00 ± 2.64a
苜蓿2号	11.33 ± 5.68f	5.00 ± 3.60f	甘肃紫花苜蓿	36.00 ± 3.60cd	14.33 ± 2.30ef
苜蓿5号（宝鸡）	18.67 ± 3.05ef	8.00 ± 1.00f	苜蓿4号	28.67 ± 6.11de	12.67 ± 4.50ef

注：同一列数据中不同小写字母表示差异显著（$P < 0.05$）。

（二）种子苗期特性分析

紫花苜蓿种子在萌发时期的根长、芽长差异可以反应不同品种生长的差异性和发育部位的优先性。由表2-5可知，不同品种的根长具有一定的差异，不同品种根长的范围为1.67~6.66cm，相差近5cm。内蒙古紫花苜蓿的根长最长，WL319HQ苜蓿的最短。不同品种根长排序由高到低依次为：内蒙古紫花苜蓿＞龙牧801＞甘肃紫花苜蓿＞苜蓿1号＞苜蓿4号＞WL323＞苜蓿5号（宝鸡）＞苜蓿王紫花苜蓿＞苜蓿2号＞苜蓿3号＞金皇后苜蓿＞WL319HQ苜蓿。

表2-5 12种紫花苜蓿种子的苗期特性

品种	根长（cm）	芽长（cm）	鲜重（g）	根长/芽长	隶属函数平均值	排序
金皇后苜蓿	1.73 ± 0.58e	1.26 ± 0.25	0.0642 ± 0.0003d	1.39 ± 0.46d	0.26	11
WL319HQ苜蓿	1.67 ± 0.31e	1.20 ± 0.10	0.0779 ± 0.0003c	1.41 ± 0.38d	0.33	8
内蒙古紫花苜蓿	6.66 ± 1.02a	0.86 ± 0.06	0.0869 ± 0.0001b	7.66 ± 0.70a	0.74	1
龙牧801	5.20 ± 0.70ab	0.90 ± 0.10	0.0773 ± 0.0005c	5.87 ± 1.30ab	0.54	4
苜蓿2号	2.63 ± 0.32de	1.13 ± 0.25	0.0651 ± 0.0001d	2.40 ± 0.53fcd	0.29	10
苜蓿5号（宝鸡）	3.13 ± 0.47cde	0.77 ± 0.06	0.0616 ± 0.0002d	4.13 ± 0.88bcd	0.18	12
苜蓿3号	2.06 ± 0.95de	1.30 ± 0.20	0.0755 ± 0.0006c	1.54 ± 0.55d	0.38	6
苜蓿1号	4.76 ± 1.68bc	0.96 ± 0.15	0.0842 ± 0.0003b	5.21 ± 2.75bc	0.58	3
苜蓿王紫花苜蓿	2.90 ± 0.53cde	1.06 ± 0.12	0.0748 ± 0.0050c	2.72 ± 0.40cd	0.36	7

续表

品种	根长（cm）	芽长（cm）	鲜重（g）	根长/芽长	隶属函数平均值	排序
WL323	3.60 ± 0.44bcde	1.03 ± 0.15	0.0625 ± 0.0002d	3.54 ± 0.37bcd	0.31	9
甘肃紫花苜蓿	5.13 ± 0.85ab	1.20 ± 0.44	0.0936 ± 0.0042a	3.57 ± 0.90bcd	0.71	2
苜蓿4号	3.86 ± 0.68bcd	1.00 ± 0.35	0.0742 ± 0.0003c	4.71 ± 1.91bc	0.45	5

注：同一列数据中不同小写字母表示差异显著（$P < 0.05$）。

由表2-5得出，不同品种的芽长无显著差异，12个品种芽长范围为0.77~1.30cm，最长的是苜蓿3号，苜蓿5号（宝鸡）的最短，相差为0.53cm。

苜蓿种子发芽初期不同部位的生长状况可以通过根长与芽长的比值来反映，同时可降低单独比较根长和芽长的误差。由表2-5可知，根长与芽长比值最高的是内蒙紫花苜蓿，为7.66，最低的是金皇后苜蓿，为1.39，说明根的生长比芽的生长明显。

同样可从表2-5得出，不同苜蓿品种间的种子鲜重的差异较显著，最重的是甘肃紫花苜蓿，为0.0936g，最轻的是苜蓿5号（宝鸡），为0.0616g。

由表2-5中的隶属函数平均值可以看出，在整体苗期特性方面，表现最好的是内蒙古紫花苜蓿，表现较差的是苜蓿5号（宝鸡）。不同紫花苜蓿的整体苗期特性隶属函数平均值排序由高到低依次为内蒙古紫花苜蓿＞甘肃紫花苜蓿＞苜蓿1号＞龙牧801＞苜蓿4号＞苜蓿3号＞苜蓿王紫花苜蓿＞WL319HQ苜蓿＞WL323＞苜蓿2号＞金皇后苜蓿＞苜蓿5号（宝鸡）。

三、结论

（1）紫花苜蓿不同品种间种子发芽率、发芽势差异显著。表现最好的是WL323，这个品种出苗率较高，出苗较整齐。根据国家标准GB 6141—2008草种分级指标可知，紫花苜蓿的发芽率低于80%就不能在市场上销售，所以发芽率低于80%的草种均该淘汰。即除内蒙紫花苜蓿、苜蓿王紫花苜蓿之外，其他供试紫花苜蓿品种均该淘汰。

（2）紫花苜蓿不同品种间的主要苗期特性差异显著，其中芽长之间无显著差异。综上所述，在根长方面，内蒙古紫花苜蓿表现最好；在芽长方面，苜蓿

3号表现最好；在根长与芽长比值方面，内蒙古紫花苜蓿表现最好；在鲜重方面，甘肃紫花苜蓿表现最好。在整体苗期特性上，内蒙古紫花苜蓿表现最好，苜蓿5号表现最差。不同苜蓿根长/芽长的范围为1.39~7.66，说明紫花苜蓿在幼苗期间根的生长明显优于芽。

第三章　紫花苜蓿根系与越冬性状

第一节　榆林风沙草滩地不同品种紫花苜蓿的根系形态特征

一、材料与方法

(一) 试验场概况

试验场地位于榆林横山区黑龙湾镇周界村（东经109°19′，北纬37°99′）风沙草滩地，年平均气温8.9℃，大于10℃的有效积温3000℃以上，无霜期年平均175天，属于典型的温带半干旱大陆性季风气候。四季分明，夏季炎热，秋季多雨，年平均日照时数2800.8h，年平均降水量352.2mm。

(二) 试验材料

国内紫花苜蓿品种：敖汉苜蓿、甘农3号、甘农4号、中苜1号、中苜2号、中苜3号、陕北苜蓿和隆冬苜蓿。

美国紫花苜蓿品种：DS310FY、康赛、擎天柱、皇后、WL343HQ、WL354HQ。

加拿大紫花苜蓿品种：阿迪娜、MF4020、SK3010。

荷兰紫花苜蓿品种：三得利。

(三) 试验设计

试验地各小区长6m，宽4.2m，垄高0.1m，试验小区四周边用农膜埋深0.3m以防灌水侧渗影响。试验在2019年5月3日播种，采用穴播法，株行距40cm。播种量为1.0kg/亩，条间距为0.3m，每2条间安装1条滴灌带。为保证苜蓿出苗率，第一次每个小区灌水1m³，作为播后灌水量，采用滴灌管灌溉，支管直径为1cm，定额灌水期间同大田。

(四) 测定方法

开花期在每一个小区随机取2个点按对角线进行采样，取样样方100cm×100cm，每一个样地取样3次，离地1~2cm刈割，带回实验室进行分离，用清水冲洗至表面无杂质，测定根颈直径、根颈分枝数、根芽数、主根长、侧根数。将根茎进行等分分离（10-20-30-40）后称鲜重，重复3次，求取平均值；选取3株苜蓿根系扫描（10-20-30-40）等分分离，采用EPSON扫描仪进行扫描，然后采用Win-RHIZO根系图像分析系统软件进行根系形态指标分析，最后经过扫描根系和总根系质量比换算获得苜蓿总根长、根系表面积、根系体积（Root Volume, RV）、平均根直径等根系测量指标。烘干处理好的分离根系样品放置在65℃恒温条件下烘干至恒重，重复3次，求取平均值为干重。

(五) 测定指标

根系形态特征采用Johnson法：主根直径截取根颈以下1cm处直径；主根长度截取根颈以下0.1cm处的长度；侧根数测定离主根0.5cm处的侧根；侧根直径测定靠近主根处直径。

(六) 数据处理与分析

试验数据采用Excel（Office 2000）和SPSS 11.5软件进行方差分析并用标准化值做主成分分析，最后利用隶属函数评价出20个苜蓿种质资源的根系优势种。

二、结果与分析

(一) 根系形态特征比较

由表3-1可知，DS310FY的根颈直径最大（11.63mm），明显高于其他品种（$P < 0.05$），MF4020最小（3.68mm），根颈分枝数最多的是DS310FY和MF4020，其余品种无显著差异，根芽数最多的是大银河，显著高于WL354HQ、康赛、中苜1号、中苜2号、普沃4.2，明显高于其他紫花苜蓿品种。品种主根长和侧根数无明显相关性，主根长最长的是阿迪娜和普沃4.2，为34.67cm，显著高于敖汉苜蓿、甘农3号和WL354HQ，最短的是皇后苜蓿，只有23.67cm；侧根数最多的是皇后苜蓿、擎天柱、WL354HQ，均多于20条，

显著高于敖汉苜蓿、阿迪娜、MF4020、康赛、三得利、中苜3号、中苜2号，侧根数最少的是中苜2号。

表3-1 不同苜蓿品种根颈直径、根颈总分枝、根芽数、主根长、侧根数

品种	根颈直径（mm）	根颈分枝（条）	根芽数（条）	主根长（cm）	侧根数（条）
敖汉	4.30 ± 0.06	2.00 ± 0.00	7.00 ± 1.25	25.33 ± 0.47	4.00 ± 0.82
DS310FY	11.63 ± 0.85	5.00 ± 0.47	7.00 ± 0.47	33.67 ± 4.50	15.00 ± 1.41
阿迪娜	4.97 ± 0.07	2.00 ± 0.47	8.00 ± 1.25	34.67 ± 2.49	5.00 ± 0.82
MF4020	3.68 ± 0.13	4.00 ± 0.47	6.00 ± 1.25	32.00 ± 2.83	4.33 ± 0.47
大银河	4.96 ± 0.28	3.00 ± 0.47	12.00 ± 0.00	30.33 ± 3.77	13.00 ± 0.82
康赛	4.52 ± 0.10	2.00 ± 0.00	5.00 ± 0.47	29.00 ± 1.41	4.67 ± 0.47
擎天柱	5.27 ± 0.22	3.00 ± 0.47	9.00 ± 0.47	28.00 ± 0.82	21.33 ± 1.25
甘农3号	4.14 ± 0.33	2.00 ± 0.47	8.00 ± 1.25	25.67 ± 0.47	14.00 ± 0.82
甘农4号	7.74 ± 0.45	2.00 ± 0.00	7.00 ± 0.94	33.00 ± 0.82	16.33 ± 0.94
WL343HQ	3.75 ± 0.24	3.00 ± 0.00	6.00 ± 0.82	28.00 ± 1.41	11.33 ± 0.47
WL354HQ	5.49 ± 0.15	3.00 ± 0.47	4.00 ± 1.25	25.33 ± 0.47	23.67 ± 1.70
三得利	4.35 ± 0.19	2.00 ± 0.00	7.00 ± 1.25	31.67 ± 0.47	5.33 ± 0.47
中苜1号	5.15 ± 0.47	2.00 ± 0.00	5.00 ± 1.41	30.00 ± 1.41	13.00 ± 1.25
中苜2号	5.13 ± 0.05	3.00 ± 0.47	5.00 ± 0.47	30.33 ± 1.70	3.67 ± 0.94
中苜3号	5.90 ± 0.23	3.00 ± 0.00	8.00 ± 0.47	32.67 ± 0.47	5.67 ± 0.94
普沃4.2	5.42 ± 0.17	3.00 ± 0.00	5.00 ± 0.00	34.67 ± 0.94	12.00 ± 1.41
SK3010	5.24 ± 0.43	3.00 ± 0.47	7.00 ± 0.47	33.00 ± 0.82	8.67 ± 0.94
隆冬	7.48 ± 0.36	3.00 ± 0.47	7.00 ± 0.47	31.67 ± 3.77	10.67 ± 1.70
皇后	7.23 ± 0.56	3.00 ± 0.47	7.00 ± 1.70	23.67 ± 0.47	25.33 ± 3.40
陕北苜蓿	4.24 ± 0.17	3.00 ± 0.47	8.00 ± 0.47	27.33 ± 1.25	7.00 ± 0.82

注：同列数据肩标不同字母表示差异显著（$P < 0.05$），下表同。

（二）根系生物量比较 RB

由表3-2可知，试验品种根系生物量的分布可大致分为两类，一类是敖汉

苜蓿、DS310FY、阿迪娜、大银河、甘农4号、中苜3号、普沃4.2、SK3010、隆冬苜蓿品种，在30~40cm土层深度中仍有根系分布；另一类的根系生物量则只分布于0~30cm土层中。不同苜蓿品种间根系生物量差异显著，根系总生物量最多的是DS310FY，为55.23g/m²，显著高于其他品种。生物量最低的是甘农3号，为7.22g/m²。不同土层的根系生物量随土壤深度大致呈依次递减的趋势。

表3-2 不同品种紫花苜蓿根系总生物量比较（g/m²）

品种	根系产量（kg/hm²）	0~10cm	10~20cm	20~30cm	30~40cm	根系总生物量
敖汉	1791.88 ± 11.67	12.11 ± 0.11	9.13 ± 0.12	6.05 ± 0.10	1.38 ± 0.10	28.67 ± 0.19
DS310FY	3451.81 ± 7.63	31.12 ± 0.10	17.17 ± 0.20	5.59 ± 0.10	1.35 ± 0.12	55.23 ± 0.12
阿迪娜	1040.49 ± 7.23	10.15 ± 0.13	4.49 ± 0.11	1.88 ± 0.07	0.13 ± 0.10	16.65 ± 0.12
MF4020	834.38 ± 4.92	7.63 ± 0.10	4.37 ± 0.07	1.35 ± 0.07	0.00 ± 0.00	13.35 ± 0.08
大银河	1421.93 ± 13.97	13.08 ± 0.07	7.44 ± 0.05	2.05 ± 0.08	0.18 ± 0.06	22.75 ± 0.22
康赛	1519.17 ± 24.35	12.81 ± 0.41	9.26 ± 0.06	2.24 ± 0.07	0.00 ± 0.00	24.31 ± 0.39
擎天柱	1395.98 ± 31.61	15.43 ± 0.35	6.17 ± 0.08	0.74 ± 0.09	0.00 ± 0.00	22.34 ± 0.51
甘农3号	451.22 ± 11.27	4.53 ± 0.06	2.35 ± 0.13	0.33 ± 0.06	0.00 ± 0.00	7.22 ± 0.18
甘农4号	2028.71 ± 20.72	14.82 ± 0.40	11.72 ± 0.04	5.18 ± 0.05	0.74 ± 0.05	32.46 ± 0.33
WL343HQ	1408.87 ± 14.71	13.35 ± 0.12	7.38 ± 0.09	1.81 ± 0.11	0.00 ± 0.00	22.54 ± 0.24
WL354HQ	1659.58 ± 16.16	12.95 ± 0.09	10.06 ± 0.07	3.54 ± 0.11	0.00 ± 0.00	26.55 ± 0.26
三得利	948.82 ± 11.31	9.45 ± 0.05	4.65 ± 0.06	1.08 ± 0.09	0.00 ± 0.00	15.18 ± 0.18
中苜1号	719.57 ± 15.46	6.09 ± 0.11	4.25 ± 0.09	1.17 ± 0.09	0.00 ± 0.00	11.51 ± 0.25
中苜2号	1171.91 ± 12.44	11.40 ± 0.33	5.82 ± 0.08	1.53 ± 0.06	0.00 ± 0.00	18.75 ± 0.20
中苜3号	2279.5 ± 15.57	19.36 ± 0.08	13.92 ± 0.04	2.42 ± 0.08	0.77 ± 0.08	36.47 ± 0.25
普沃4.2	1495.9 ± 58.66	13.27 ± 1.03	8.06 ± 0.10	2.35 ± 0.05	0.25 ± 0.08	23.93 ± 0.94
SK3010	837.92 ± 19.16	6.24 ± 0.07	4.38 ± 0.09	2.06 ± 0.10	0.73 ± 0.11	13.41 ± 0.31
隆冬	1909.57 ± 72.1	14.98 ± 0.21	10.40 ± 0.70	4.00 ± 0.06	1.17 ± 0.20	30.55 ± 1.15

续表

品种	根系产量 （kg/hm²）	土层厚度				根系总生物量
		0~10cm	10~20cm	20~30cm	30~40cm	
皇后	959.38 ± 16.21	7.77 ± 0.43	6.03 ± 0.17	1.54 ± 0.07	0.00 ± 0.00	15.35 ± 0.26
陕北苜蓿	952.28 ± 16.14	8.45 ± 0.21	5.02 ± 0.14	1.76 ± 0.08	0.00 ± 0.00	15.24 ± 0.26

（三）根系体积比较 RV

由表 3-3 可知，敖汉苜蓿和 DS310FY 的根系总体积分别为 22.671cm³ 和 21.713cm³，明显高于甘农 4 号、中苜 3 号、皇后、隆冬苜蓿，显著高于其他品种，根系总体积最低的是 MF4020。苜蓿的体积跟土壤深度成正相关的关系，实验的品种苜蓿根系体积随土层深度呈递减趋势。其中，0~10cm 土层根系体积最大的是敖汉苜蓿，为 10.672cm³，显著高于其他品种，体积最小的是 MF4020；10~20cm 土层根系体积最大的是皇后和敖汉苜蓿，分别为 6.857cm³ 和 6.762cm³，显著高于其他品种，体积最小的是 MF4020；20~30cm 土层根系体积最大的是 DS310FY，最小的是擎天柱；30~40cm 土层仍分布的根系体积最大的是甘农 4 号，最小的是阿迪娜。

表 3-3 不同品种紫花苜蓿根系总体积比较（cm³）

品种	土层厚度				总体积
	0~10cm	10~20cm	20~30cm	30~40cm	
敖汉	10.672 ± 0.373	6.762 ± 0.145	4.602 ± 0.091	0.635 ± 0.054	22.671 ± 0.466
DS310FY	8.659 ± 0.314	7.571 ± 0.495	4.906 ± 0.206	0.577 ± 0.074	21.713 ± 0.704
阿迪娜	1.662 ± 0.093	1.429 ± 0.065	0.517 ± 0.078	0.166 ± 0.031	3.774 ± 0.098
MF4020	1.024 ± 0.148	0.715 ± 0.061	0.493 ± 0.083	0.000 ± 0.000	2.233 ± 0.169
大银河	2.514 ± 0.090	2.053 ± 0.246	0.659 ± 0.038	0.202 ± 0.027	5.428 ± 0.198
康赛	1.976 ± 0.132	1.970 ± 0.088	0.745 ± 0.127	0.000 ± 0.000	4.691 ± 0.109
擎天柱	1.554 ± 0.050	1.221 ± 0.034	0.317 ± 0.039	0.000 ± 0.000	3.092 ± 0.119
甘农 3 号	1.912 ± 0.160	1.893 ± 0.120	0.331 ± 0.047	0.000 ± 0.000	4.136 ± 0.246
甘农 4 号	5.305 ± 0.192	5.195 ± 0.374	2.339 ± 0.153	2.424 ± 0.094	15.263 ± 0.295

续表

品种	土层厚度				总体积
	0~10cm	10~20cm	20~30cm	30~40cm	
WL343HQ	2.223 ± 0.169	1.621 ± 0.266	0.517 ± 0.136	0.000 ± 0.000	4.360 ± 0.059
WL354HQ	3.965 ± 0.140	2.559 ± 0.104	0.728 ± 0.059	0.000 ± 0.000	7.252 ± 0.282
三得利	1.553 ± 0.093	1.355 ± 0.075	0.366 ± 0.070	0.000 ± 0.000	3.275 ± 0.110
中苜1号	2.405 ± 0.211	2.003 ± 0.106	0.560 ± 0.037	0.000 ± 0.000	4.968 ± 0.231
中苜2号	2.246 ± 0.067	1.488 ± 0.083	0.356 ± 0.071	0.000 ± 0.000	4.090 ± 0.070
中苜3号	3.705 ± 0.234	3.655 ± 0.160	3.139 ± 0.149	1.227 ± 0.166	11.726 ± 0.650
普沃4.2	3.112 ± 0.254	2.457 ± 0.054	1.348 ± 0.109	0.496 ± 0.111	7.413 ± 0.058
SK3010	2.035 ± 0.102	1.743 ± 0.112	0.841 ± 0.042	0.313 ± 0.024	4.931 ± 0.149
隆冬	4.677 ± 0.090	3.872 ± 0.240	1.228 ± 0.119	0.263 ± 0.061	10.040 ± 0.299
皇后	6.857 ± 0.197	5.602 ± 0.090	1.623 ± 0.204	0.000 ± 0.000	14.083 ± 0.094
陕北苜蓿	3.693 ± 0.185	3.597 ± 0.185	1.698 ± 0.215	0.000 ± 0.000	8.988 ± 0.405

(四) 平均根直径比较 RAD

由表3-4可知，平均根直径最大的是隆冬苜蓿和皇后，分别为7.980mm和8.010mm，显著高于其他品种，最低的是阿迪娜，为0.558mm；0~10cm土层根系平均直径最大的是DS310FY、敖汉苜蓿和甘农4号，分别为4.358mm、4.253mm、4.047mm，显著高于其他品种，平均直径最小的是阿迪娜和MF4020，分别为0.789mm和0.752mm；10~20cm土层根系平均直径最大的是DS310FY、皇后和隆冬苜蓿，分别为3.752mm、3.376mm和3.092mm，显著高于其他品种，平均直径最小的是阿迪娜，为0.648mm；20~30cm土层根系平均直径最大的是DS310FY，为5.633mm，显著高于其他品种，最小的是阿迪娜；30~40cm土层仍分布的根系平均根直径最大的是甘农4号，为2.391mm，显著高于其他品种，最小的是阿迪娜，为0.409mm。

表3-4 不同品种紫花苜蓿根系平均直径比较（mm）

品种	0~10cm	10~20cm	20~30cm	30~40cm	平均直径
敖汉	4.253 ± 0.052	2.508 ± 0.022	2.300 ± 0.098	0.620 ± 0.041	2.420 ± 0.144
DS310FY	5.633 ± 0.055	4.358 ± 0.136	3.752 ± 0.066	1.551 ± 0.096	3.823 ± 0.224
阿迪娜	0.789 ± 0.046	0.648 ± 0.053	0.386 ± 0.034	0.409 ± 0.044	0.558 ± 0.027
MF4020	0.752 ± 0.069	0.731 ± 0.107	0.834 ± 0.071	0.000 ± 0.000	0.772 ± 0.033
大银河	2.028 ± 0.114	1.728 ± 0.104	0.820 ± 0.070	0.571 ± 0.078	1.287 ± 0.069
康赛	1.328 ± 0.036	1.161 ± 0.050	1.137 ± 0.074	0.000 ± 0.000	1.209 ± 0.074
擎天柱	1.558 ± 0.057	1.058 ± 0.058	0.553 ± 0.046	0.000 ± 0.000	1.057 ± 0.049
甘农3号	0.998 ± 0.042	0.855 ± 0.063	0.714 ± 0.044	0.000 ± 0.000	0.856 ± 0.052
甘农4号	4.047 ± 0.151	1.495 ± 0.018	3.486 ± 0.157	2.391 ± 0.142	2.855 ± 0.146
WL343HQ	1.096 ± 0.036	0.954 ± 0.076	0.811 ± 0.095	0.000 ± 0.000	0.953 ± 0.074
WL354HQ	2.552 ± 0.071	1.687 ± 0.030	0.588 ± 0.041	0.000 ± 0.000	1.609 ± 0.097
三得利	0.988 ± 0.049	1.007 ± 0.046	0.580 ± 0.064	0.000 ± 0.000	0.858 ± 0.034
中苜1号	1.328 ± 0.098	0.919 ± 0.049	0.763 ± 0.047	0.000 ± 0.000	1.003 ± 0.029
中苜2号	1.567 ± 0.082	1.234 ± 0.090	0.556 ± 0.050	0.000 ± 0.000	1.119 ± 0.047
中苜3号	1.845 ± 0.089	1.233 ± 0.079	1.062 ± 0.094	1.531 ± 0.033	1.418 ± 0.078
普沃4.2	1.466 ± 0.082	2.022 ± 0.131	1.010 ± 0.125	1.043 ± 0.107	5.540 ± 0.270
SK3010	1.257 ± 0.303	1.310 ± 0.128	1.082 ± 0.084	0.446 ± 0.054	4.090 ± 0.280
隆冬	2.052 ± 0.096	3.092 ± 0.054	1.340 ± 0.057	1.499 ± 0.015	7.980 ± 0.110
皇后	3.260 ± 0.059	3.376 ± 0.149	1.370 ± 0.086	0.000 ± 0.000	8.010 ± 0.280
陕北苜蓿	1.998 ± 0.140	1.071 ± 0.074	1.431 ± 0.101	0.000 ± 0.000	4.500 ± 0.240

(五) 总根长比较 TRL

由表3-5可知，总根长最长的是DS310FY，为2978.8cm，明显高于敖汉苜蓿、甘农4号和皇后，显著高于其他品种，总根长最短的是中苜2号，为403.4cm。各土层分布根系总根长差异显著，0~10cm土层根系总根长最长的是甘农4号（965.9cm），明显高于DS310FY（816.4cm），显著高于其他品种，总根长最短的是中苜2号，为116.1cm；10~20cm土层根系总根长最长的是皇后，为1279.6cm，明显高于DS310FY（872.8cm），显著高于其他品种，总根长最短的是三得利，为145.5cm；20~30cm土层根系总根长最长的是DS310FY（1177.1cm），显著高于其他品种，总根长最短的是康赛，为81.7cm；30~40cm土层仍分布根系，总根长最长的是甘农4号（489.8cm），显著高于其他品种，最短的是隆冬苜蓿，为15.0cm。

表3-5 不同品种紫花苜蓿总根长比较（cm）

品种	0~10cm	10~20cm	20~30cm	30~40cm	总根长
敖汉	484.0 ± 4.5	591.4 ± 1.7	799.1 ± 0.8	192.1 ± 1.3	2066.6 ± 4.7
DS310FY	816.4 ± 0.8	872.8 ± 2.5	1177.1 ± 6.1	112.5 ± 1.6	2978.8 ± 3.2
阿迪娜	343.5 ± 2.7	414.2 ± 0.8	420.2 ± 1.3	119.3 ± 0.7	1297.3 ± 0.9
MF4020	218.5 ± 1.1	180.4 ± 0.5	253.3 ± 0.8	0.0 ± 0.0	652.2 ± 1.0
大银河	323.7 ± 2.9	603.9 ± 5..0	505.8 ± 3.6	74.3 ± 0.8	1507.7 ± 3.5
康赛	127.4 ± 0.8	207.2 ± 2.6	81.7 ± 1.4	0.0 ± 0.0	416.3 ± 3.1
擎天柱	398.0 ± 1.8	477.9 ± 2.1	109.6 ± 0.9	0.0 ± 0.0	985.6 ± 2.5
甘农3号	230.7 ± 1.1	340.9 ± 2.1	115.1 ± 4.0	0.0 ± 0.0	686.7 ± 3.0
甘农4号	965.9 ± 4.5	392.3 ± 1.8	857.4 ± 2.5	489.8 ± 1.0	2705.3 ± 7.7
WL343HQ	210.1 ± 0.8	270.2 ± 1.6	135.6 ± 0.5	0.0 ± 0.0	615.9 ± 2.8
WL354HQ	318.1 ± 1.7	348.9 ± 1.7	262.2 ± 1.1	0.0 ± 0.0	929.1 ± 3.4
三得利	201.2 ± 1.6	145.5 ± 1.2	139.9 ± 1.6	0.0 ± 0.0	486.6 ± 1.8
中苜1号	140.3 ± 0.9	303.8 ± 1.5	138.2 ± 1.9	0.0 ± 0.0	582.2 ± 4.0
中苜2号	116.1 ± 3.3	157.7 ± 2.0	129.7 ± 1.2	0.0 ± 0.0	403.4 ± 6.6
中苜3号	145.0 ± 1.3	303.7 ± 1.5	323.0 ± 2.2	61.2 ± 0.8	832.9 ± 1.2
普沃4.2	180.5 ± 1.0	343.9 ± 1.2	227.9 ± 1.8	72.1 ± 1.5	824.4 ± 1.8
SK3010	226.3 ± 2.9	429.4 ± 6.8	407.7 ± 2.1	189.6 ± 0.7	1253 ± 1.4

续表

品种	土层厚度				总根长
	0~10cm	10~20cm	20~30cm	30~40cm	
隆冬	156.3 ± 0.8	467.6 ± 2.0	291.3 ± 0.7	15.0 ± 0.2	930.1 ± 1.8
皇后	565.8 ± 4.1	1279.6 ± 0.6	435.5 ± 0.8	0.0 ± 0.0	2280.9 ± 4.0
陕北苜蓿	455.3 ± 0.4	224.7 ± 0.4	332.4 ± 0.9	0.0 ± 0.0	1012.3 ± 1.8

(六) 根系表面积比较RSA

由表3-6可知，根系总表面积最大的DS310FY，为725.0cm^2，明显高于甘农4号和敖汉苜蓿，显著高于其他品种，根系总表面积最小的是MF4020，为127.8cm^2；0~10cm土层根系总表面积最大的是DS310FY和甘农4号，分别为234.2cm^{2}和231.1cm^2，明显高于其他品种，最小的是MF4020，为51.1cm^2；10~20cm土层根系总表面积最大的是皇后（300.6cm^2），显著高于其他品种，最小的是MF4020，为40.4cm^2；20~30cm土层根系总表面积最大的是DS310FY，为302.9cm^2，明显高于其他品种，最小的是擎天柱，为19.4cm^2；30~40cm土层仍分布根系，总表面积最大的是甘农4号（120.3cm^2），最小的是隆冬苜蓿（7.0cm^2）。

表3-6 不同品种紫花苜蓿根系表面积比较（cm^2）

品种	土层厚度				总表面积
	0~10cm	10~20cm	20~30cm	30~40cm	
敖汉	142.7 ± 2.1	197.3 ± 2.4	201.8 ± 1.7	37.3 ± 1.1	579.1 ± 3.9
DS310FY	234.2 ± 1.3	160.6 ± 24.2	302.9 ± 1.1	27.4 ± 0.9	725.0 ± 27.2
阿迪娜	82.8 ± 1.9	85.4 ± 0.7	53.0 ± 2.5	14.5 ± 0.8	235.6 ± 0.8
MF4020	51.1 ± 0.8	40.4 ± 0.7	36.3 ± 0.6	0.0 ± 0.0	127.8 ± 2.0
大银河	99.3 ± 0.8	113.9 ± 1.0	61.8 ± 0.8	13.4 ± 0.8	288.6 ± 0.2
康赛	55.5 ± 0.8	71.5 ± 0.8	27.4 ± 0.9	0.0 ± 0.0	154.3 ± 0.8
擎天柱	81.9 ± 3.8	78.6 ± 0.5	19.4 ± 0.9	0.0 ± 0.0	179.8 ± 2.7
甘农3号	73.4 ± 0.9	89.5 ± 0.9	23.6 ± 0.7	0.0 ± 0.0	186.5 ± 0.8

续表

品种	土层厚度				总表面积
	0~10cm	10~20cm	20~30cm	30~40cm	
甘农4号	231.1 ± 1.8	101.2 ± 1.1	239 ± 4.4	120.3 ± 0.8	691.6 ± 5.1
WL343HQ	74.7 ± 0.7	76.5 ± 0.9	30.4 ± 0.9	0.0 ± 0.0	181.6 ± 0.7
WL354HQ	85.1 ± 0.8	93.5 ± 0.8	48.4 ± 0.7	0.0 ± 0.0	227.0 ± 1.0
三得利	61.5 ± 0.9	49.3 ± 0.9	24.9 ± 0.4	0.0 ± 0.0	135.7 ± 0.4
中苜1号	61.2 ± 0.8	87.4 ± 0.7	29.7 ± 0.5	0.0 ± 0.0	178.4 ± 0.4
中苜2号	56.8 ± 0.3	55.4 ± 0.9	24.7 ± 0.6	0.0 ± 0.0	137.0 ± 1.4
中苜3号	81.4 ± 0.8	115.3 ± 0.8	109.5 ± 0.7	30.5 ± 0.7	336.6 ± 2.0
普沃4.2	82.8 ± 0.6	102.5 ± 0.8	62.9 ± 0.6	21.2 ± 0.6	269.3 ± 1.1
SK3010	67.1 ± 1.3	83.5 ± 0.6	66.3 ± 0.8	28.9 ± 1.0	245.8 ± 0.8
隆冬苜蓿	94.6 ± 0.9	155.1 ± 4.2	64.0 ± 1.3	7.0 ± 0.2	320.7 ± 5.6
皇后	188.4 ± 0.9	300.6 ± 0.7	95.3 ± 0.7	0.0 ± 0.0	584.3 ± 0.9
陕北苜蓿	140.4 ± 0.7	69.3 ± 0.7	78.3 ± 1.0	0.0 ± 0.0	288.0 ± 2.9

(七)隶属函数分析

对紫花苜蓿根系形态的总生物量、平均根直径、总根长等指标进行隶属函数分析(表3-7)，根据隶属函数平均数排序得DS310FY＞甘农4号＞皇后＞隆冬苜蓿＞大银河＞敖汉苜蓿＞中苜3号＞普沃4.2＞3010＞擎天柱＞WL354HQ＞陕北苜蓿＞阿迪娜＞WL343HQ＞4020MF＞中苜1号＞中苜2号＞甘农3号＞三得利＞康赛。由此看出在根系发育的综合方面，DS310FY在20个品种中的表现最佳，其次则是甘农4号和皇后。

表3-7 隶属函数分析

品种	R(1)	R(2)	R(3)	R(4)	R(5)	R(6)	R(7)	R(8)	R(9)	R(10)	S(1)	S(2)
敖汉	0.447	0.250	0.646	1.000	0.756	0.078	0.000	0.391	0.152	0.015	0.373	6
DS310FY	1.000	0.438	1.000	0.953	1.000	1.000	1.000	0.391	0.909	0.523	0.822	1
阿迪娜	0.196	0.000	0.347	0.075	0.180	0.162	0.100	0.435	1.000	0.062	0.256	13

续表

品种	R(1)	R(2)	R(3)	R(4)	R(5)	R(6)	R(7)	R(8)	R(9)	R(10)	S(1)	S(2)
4020MF	0.128	0.029	0.097	0.000	0.000	0.000	0.600	0.174	0.758	0.031	0.182	15
大银河	0.324	0.098	0.429	0.156	0.269	0.161	0.400	1.000	0.606	0.431	0.387	5
康赛	0.356	0.087	0.005	0.120	0.044	0.105	0.000	0.130	0.485	0.046	0.138	20
擎天柱	0.315	0.067	0.226	0.042	0.087	0.200	0.200	0.652	0.394	0.815	0.300	10
甘农3号	0.000	0.040	0.110	0.093	0.098	0.058	0.100	0.435	0.182	0.462	0.158	18
甘农4号	0.526	0.308	0.894	0.638	0.944	0.510	0.000	0.304	0.848	0.585	0.556	2
WL343HQ	0.319	0.053	0.083	0.104	0.090	0.008	0.300	0.217	0.394	0.354	0.192	14
WL354HQ	0.403	0.141	0.204	0.246	0.166	0.227	0.400	0.000	0.152	0.923	0.286	11
三得利	0.166	0.040	0.032	0.051	0.013	0.084	0.000	0.304	0.727	0.077	0.150	19
中苜1号	0.089	0.060	0.069	0.134	0.085	0.184	0.000	0.087	0.576	0.400	0.168	16
中苜2号	0.240	0.075	0.000	0.091	0.015	0.182	0.300	0.130	0.606	0.000	0.164	17
中苜3号	0.609	0.115	0.167	0.464	0.350	0.279	0.300	0.522	0.818	0.092	0.372	7
普沃4.2	0.348	0.669	0.163	0.253	0.237	0.219	0.300	0.087	1.000	0.385	0.366	8
3010	0.129	0.475	0.330	0.132	0.198	0.196	0.400	0.391	0.848	0.231	0.333	9
隆冬	0.486	0.997	0.205	0.382	0.323	0.478	0.400	0.304	0.727	0.323	0.463	4
皇后	0.169	1.000	0.729	0.580	0.764	0.446	0.200	0.391	0.000	1.000	0.528	3
陕北苜蓿	0.167	0.529	0.236	0.331	0.268	0.070	0.200	0.435	0.333	0.154	0.272	12

注：R(1)、R(2)、R(3)、R(4)、R(5)、R(6)、R(7)、R(8)、R(9)、R(10)分别表示总生物量、平均根直径、总根长、根系总体积、总表面积、根茎直径、根颈分枝数、根芽数、主根长和侧根数，S(1)表示隶属函数平均数，S(2)表示隶属函数平均数排序。

三、讨论

根系形态变化与其生物量存在密切的相关性，与根系直径和根系表面积、体积与生物量联系最为紧密。(张岚等，2020)植物根系体积越大，根系所接触的土壤面积越大，在地下大范围内吸收有效养分、水分和微量元素的能力越强。而随着土层深度的增加，部分紫花苜蓿品种根系体积逐渐减小。(郭正刚等，2003)这与王建华（Wang J., 1990）和扎西（Za X., 1988）报道的豆科牧草根系的体积从土壤表层向深层依次递减的情况基本一致。植物总根长越长，根部在土壤中的空间分布范围越广，越有利于提高根系的发育、代谢和保水能力。(唐子钦等，2020)根系的平均直径表征根系的粗细程度(唐子钦等，2020)，反映植物根系形态结构特征的变化(李锋等，2002)。根表面积是根系与土壤之间进行营养交换的直接参与者，与水分和养分吸收密切相关。(JACKSON R B.，1997)试验研究发现，供试的20个紫花苜蓿品种按其在土层中分布的深度大致分为两类：一类是30cm下仍存在根系分布，例如中苜3号、普沃4.2、SK3010、隆冬苜蓿、甘农4号、DS310FY、阿迪娜和敖汉苜蓿，另一类根系主要分布在0~30cm土层，例如MF4020、中苜1号、中苜2号等。0~10cm土层间根系生物量、平均根直径、总表面积最大的均为DS310FY，根系总体积和总根长最大的分别是敖汉苜蓿和甘农4号；10~20cm土层间平均根直径、总根长、根系总体积、总表面积最大的均为皇后；20~30cm土层间的平均根直径、总根长、根系总体积、总表面积最大的均为DS310FY；30~40cm土层平均根直径、总根长、总表面积最大的均为甘农4号；0~20cm土层总根长和根系总体积最小的是MF4020，阿迪娜在0~40cm土层平均直径最小，甘农3号在0~40cm土层生物量最小，其他形态指标无较大差异。

从主根的发育来看，主根直径的大小直接影响着根系体积的大小和根系生物量的多少(郭正刚等，2003)，而根系体积与地下空间占有量成正相关，主根越粗，根系地下空间占有量越大，所吸收水分和养分也就越多(张世超等，2017；王富贵等，2011)。在参试的20个品种中，主根直径和生物量最大的均为品种DS310FY，根系体积最大的则是敖汉苜蓿。

从侧根的发育来看，侧根数量的多少直接影响到苜蓿根系吸收养分和水分的能力以及其抗旱性的强弱。(丁红等，2013)侧根的发生能力主要是由苜蓿品种的生物学特性来决定的。侧根直径越发达，根系总根长和表面积就越大，其根系吸收水分、养分的能力就越强，苜蓿品种的适应性也就随之越强。(洪绂曾等，1987)由试验数据来看，侧根数最多的是皇后苜蓿、WL354HQ和擎天柱，根系总根长和表面积最大的是甘农4号和DS310FY。

苜蓿品种是根系形态发育的重要依据，紫花苜蓿根系由主根和侧根组成，其地下生物量与根颈直径、入土深度、分枝数、芽数、主根长和主根直径均呈极显著正相关，可见其生长与多种因素有关，其根系特征是所有因素共同作用的结果。不同发育阶段根系发育的特性，反映了品种在该生长期对环境中主导因子的反映和响应，也说明了在该环境下品种地下根系的生长能力。（吴新卫等，2006；陈超等，2014）以此对20种苜蓿的总生物量、平均根直径、总根长、根系总体积、总表面积、根颈直径、根颈分枝数、根芽数、主根长和侧根数等根系指标进行隶属函数分析，发现品种DS310FY和甘农四号风沙地环境下根系形态表现较好。

四、结论

本节就20个苜蓿品种在榆林沙地条件下种植后根系的形态特征和生理特征变化，综合分析苜蓿品种对该地区环境的适应性，主要研究结论如下：品种DS310FY的总根长、根系表面积、根颈直径、根颈分枝数最大，其根系在0~20cm和20~30cm土层中根系结构表现最好，品种根系具有颈根粗壮、根长等特点。而甘农4号品种在0~30cm土层中的根系表现小于DS310FY，但在30~40cm土层中其平均根直径、总根长和根系表面积最高。其他品种的根系特征差异不明显。

第二节 氮、磷、钾配施对榆林沙地紫花苜蓿根系性状的影响

一、材料与方法

（一）试验地概况

榆林市位于陕西省最北部，长城以北为毛乌素沙漠南缘风沙草滩区。试验地位于榆阳区卜浪河那泥滩村水地，属于温带半干旱大陆性季风气候，年平均降水量约365.7mm，日照时间长，四季分明，年平均气温约8.1℃。试验地土壤类型为风沙土，地势平坦，地下水位较高，便于灌溉，肥力水平较低。0~30cm土壤耕层的主要理化性质为：有机质含量为1.23g/kg，全氮含量为0.23g/kg，有

效磷含量为13.52mg/kg，速效钾含量为82.65mg/kg，pH值为8.2。

(二) 试验材料与设计

本试验选取中苜3号为试验品种。采用三因素二次回归正交设计方法，以纯N量x_1、P_2O_5量x_2、K_2O量x_3为试验因素，确定3因素15水平，共15个小区，各小区随机分布。本试验中，纯N量上限、下限为16kg/亩、2kg/亩；P_2O_5量上限、下限为18kg/亩、2kg/亩；K_2O量上限、下限为14kg/亩、2kg/亩。本试验因素和水平设计见表3-8。

表3-8 试验因素和水平设计

处理	x_1(纯N量)(kg/亩)	x_2(P_2O_5量)(kg/亩)	x_3(K_2O量)(kg/亩)
N15P17K13	14.76	16.58	12.94
N15P17K3	14.76	16.58	3.06
N15P3K13	14.76	3.42	12.94
N15P3K3	14.76	3.42	3.06
N3P17K13	3.24	16.58	12.94
N3P17K3	3.24	16.58	3.06
N3P3K13	3.24	3.42	12.94
N3P3K3	3.24	3.42	3.06
N16P10K8	16.00	10.00	8.00
N2P10K8	2.00	10.00	8.00
N9P18K8	9.00	18.00	8.00
N9P2K8	9.00	2.00	8.00
N9P10K14	9.00	10.00	14.00
N9P10K2	9.00	10.00	2.00
N9P10K8	9.00	10.00	8.00

采取随机区组设计试验小区，试验各小区长6m，宽4.2m，起垄高0.1m，

试验小区四周边用农膜埋深0.3m以防灌水侧渗影响，每个试验处理重复4次，共45个小区。试验拟在2019年5月3日播种，采用条播法，播种量为1.0kg/亩，条间距为0.3m，每2条间安装1条滴灌带。为保证苜蓿出苗率，第一次每个小区灌水1m³，作为播后灌水量，采用滴灌管灌溉，支管直径为1cm，定额灌水期间同大田。氮肥为尿素（含氮量46%）、磷肥为过磷酸钙（含P_2O_5 18%）、钾肥为硫酸钾（含K_2O 52%），其中磷肥和钾肥作为基肥在播种前一次施入，氮肥分3次施入（第1次为一次刈割后立即施40%，第2次为二次刈割后立即施30%，第3次为第三茬现蕾期施30%）。

(三) 测定指标与方法

根系指标于2019年9月20日与第三茬刈割同时进行，此时为其现蕾期。每个处理随机选取100cm×100cm样方进行生物学指标的测定，选择标准为长势居中、密度均匀的植株，重复3次。将所取植株带回实验室，将根茎分离后测定根颈直径、根颈总分枝、根芽数、主根长和侧根数等根系形态指标；完成后再将根样按照0~10cm、10~20cm和20~30cm的不同区域剪断，使用EPSON EXPRESSION 4990型扫描仪对试验根系进行扫描处理，再用Win RHIZO根系分析软件对所扫描到的根系图进行数据分析，从而获得根长、根表面积、根体积和平均根直径。根系扫描分类放入烤箱105℃烘烤至恒温，冷却后对其称重，即得到不同土层植株的生物量。

(四) 数据分析

研究数据采用WPS Office进行数据的基本整理归纳，对研究结果应用SPSS 22.0分析软件进行显著性分析和相关性分析，显著水平为0.05，最终数据结果表现为"平均值±标准误"。并对总表面积、平均直径、总根长、总体积和总生物量的数据结果做隶属函数分析，计算公式如下。

$$R(X_i) = (X_i - X_{min}) / (X_{max} - X_{min})$$

式中：R为隶属函数分析值，X_i为指标测定值，X_{min}、X_{max}为数据指标的最小值和最大值。

二、结果与分析

(一) 不同肥料配比对紫花苜蓿根系形态的影响 (表3-9)

表3-9　不同肥料配比对紫花苜蓿根系形态的影响

处理	根颈直径 (mm)	根颈分枝数 (个)	根芽数 (个)	主根长 (cm)	侧根数 (个)
N15P17K13	4.09 ± 0.13	2.33 ± 0.21ab	3.33 ± 0.33	26.33 ± 0.49ab	5.67 ± 0.88c
N15P17K3	4.55 ± 0.39	2.00 ± 0.37b	5.67 ± 0.80	23.33 ± 1.26bc	10.17 ± 1.94abc
N15P3K13	4.16 ± 0.29	3.17 ± 0.54a	5.83 ± 1.47	26.33 ± 0.99ab	20.67 ± 2.01ab
N15P3K3	3.93 ± 0.12	2.33 ± 0.21ab	7.50 ± 0.62	23.17 ± 0.83bc	10.00 ± 2.91abc
N3P17K13	3.28 ± 0.24	2.33 ± 0.21ab	6.33 ± 0.95	22.17 ± 1.56cd	9.33 ± 2.64abc
N3P17K3	3.43 ± 0.19	2.00 ± 0.00b	4.33 ± 1.17	23.17 ± 0.75bc	7.67 ± 2.30bc
N3P3K13	4.10 ± 0.13	2.00 ± 0.26b	5.83 ± 0.95	26.17 ± 0.95ab	14.67 ± 3.91abc
N3P3K3	4.35 ± 0.58	2.50 ± 0.22ab	4.33 ± 0.84	24.83 ± 2.14bc	9.33 ± 1.26abc
N16P10K8	3.61 ± 0.17	2.50 ± 0.34ab	7.83 ± 1.40	19.33 ± 0.71d	21.50 ± 5.98a
N2P10K8	4.21 ± 0.34	2.33 ± 0.33ab	5.33 ± 0.71	21.33 ± 1.73cd	13.83 ± 5.82abc
N9P18K8	4.18 ± 0.26	2.50 ± 0.22ab	7.17 ± 0.79	22.17 ± 1.30cd	20.17 ± 5.80ab
N9P2K8	4.40 ± 0.36	2.17 ± 0.17ab	6.83 ± 1.25	29.00 ± 0.73a	13.83 ± 3.52abc
N9P10K14	4.21 ± 0.26	2.33 ± 0.21ab	6.00 ± 1.03	25.00 ± 0.58bc	6.17 ± 1.08c
N9P10K2	4.44 ± 0.22	2.83 ± 0.17ab	6.83 ± 1.30	22.33 ± 0.80cd	16.00 ± 3.57abc
N9P10K8	4.45 ± 0.42	2.33 ± 0.42ab	5.00 ± 1.26	26.50 ± 0.72ab	6.00 ± 1.65c

注：字母表示同列数据差异显著 ($P < 0.05$)，下表同。

根系形态往往能够客观地反映植株的生长状况。(陈永岗等，2021) 由表3-9可知，不同肥料配施组合对紫花苜蓿的形态特征产生显著影响。其中，在N15P17K3的肥料配施组合处理下根颈直径最优，N3P17K13的根颈直径表现最弱。在N15P3K13肥料处理下根颈总分枝显著最高，N15P17K3、N3P17K3和N3P3K13显著最低且三者无显著差异。N16P10K8的根芽数最多，N15P17K13的根芽数最少。N9P2K8处理的主根长最长，显著最高，N16P10K8的主根长最短，显著最低。经N16P10K8肥料处理的侧根数最多，显著最高，N15P17K13、N9P10K14和N9P10K8显著最低且三者无显著差异，侧根数最少。综合可得，N16P10K8处理后的苜蓿根系形态最优，主要表现为主根短且侧根多。

（二）不同肥料配比对紫花苜蓿总根长的影响（表3-10）

表3-10 不同肥料配比对紫花苜蓿总根长的影响（cm）

处理	0~10cm	10~20cm	20~30cm	总根长
N15P17K13	365.72 ± 1.11k	342.42 ± 0.59l	83.33 ± 0.94l	791.47 ± 2.63ab
N15P17K3	384.35 ± 1.07j	278.68 ± 2.11m	112.87 ± 1.79j	775.90 ± 4.94ab
N15P3K13	408.33 ± 1.26h	446.01 ± 1.71g	253.00 ± 1.88b	1107.34 ± 4.80ab
N15P3K3	594.13 ± 1.33b	748.31 ± 1.56a	180.76 ± 1.83g	1523.20 ± 4.70ab
N3P17K13	461.66 ± 1.25e	349.14 ± 0.93k	100.33 ± 1.45k	911.12 ± 3.59ab
N3P17K3	470.99 ± 0.98d	454.87 ± 1.02f	232.06 ± 1.17c	1157.91 ± 3.14ab
N3P3K13	428.52 ± 1.11g	435.13 ± 1.25h	121.77 ± 1.31i	985.42 ± 3.66ab
N3P3K3	221.47 ± 1.12o	124.10 ± 1.03n	68.15 ± 1.50m	413.72 ± 3.61b
N16P10K8	919.66 ± 1.24a	699.33 ± 1.54b	59.46 ± 1.14n	1678.44 ± 3.91a
N2P10K8	443.47 ± 0.76f	523.34 ± 1.02e	137.13 ± 0.54h	1103.94 ± 2.30ab
N9P18K8	318.65 ± 0.55m	406.42 ± 0.96i	86.36 ± 0.48l	811.43 ± 1.97ab
N9P2K8	307.34 ± 0.41n	387.63 ± 0.90j	196.78 ± 1.45e	891.74 ± 2.75ab
N9P10K14	495.77 ± 0.73c	686.76 ± 1.20c	187.50 ± 0.84f	1370.03 ± 2.54ab
N9P10K2	388.48 ± 0.44i	593.62 ± 1.78d	205.36 ± 0.52d	1187.46 ± 2.69ab
N9P10K8	339.31 ± 1.10l	410.52 ± 1.15i	390.47 ± 0.75a	1140.30 ± 2.96ab

由表3-10可知，紫花苜蓿总根长在0~10cm层和10~20cm层显著最高，20~30cm层显著最低，其中，N9P10K8在20~30cm层的总根长显著介于0~10cm层和10~20cm层。在N15P17K13、N15P17K3、N3P17K13、N3P17K3、N3P3K3和N16P10K8的肥料处理下，0~10cm层较10~20cm层的总根长表现好。经其余肥料处理后，苜蓿根系在10~20cm层呈显著性优势。

在0~10cm层，经N16P10K8的肥料配施组合处理下的紫花苜蓿根长表现最优,显著最高,在 N3P3K3 的肥料配施组合处理下表现最弱,显著最低。在 10~20cm 层,N15P3K3 的根长显著最高,N16P10K8 的表现次之且无显著差异,N3P3K3 的表现最弱,显著最低。在 20~30cm 层,N9P10K8 的根长显著最高,N16P10K8 的根长显著最低。其中,N16P10K8 的总根长显著最高,N3P3K3 显著最低。综合可得,经 N16P10K8 处理后的苜蓿根系总根长表现最优。

（三）不同肥料配比对紫花苜蓿根系表面积的影响（表3-11）

表3-11 不同肥料配比对紫花苜蓿根系表面积的影响（cm^2）

处理	0~10cm	10~20cm	20~30cm	总表面积
N15P17K13	62.32 ± 1.96ef	52.56 ± 1.87gh	18.86 ± 2.01fg	133.74 ± 5.81ab
N15P17K3	65.93 ± 1.72de	55.06 ± 0.86g	32.95 ± 2.08c	153.94 ± 4.66ab
N15P3K13	64.69 ± 1.46de	61.90 ± 2.00f	39.33 ± 0.85b	165.92 ± 4.30ab
N15P3K3	87.87 ± 0.95b	87.06 ± 1.48b	24.32 ± 0.84de	199.25 ± 3.22ab
N3P17K13	72.46 ± 1.68c	64.15 ± 1.07ef	24.14 ± 1.38de	160.75 ± 4.12ab
N3P17K3	61.60 ± 1.04ef	52.71 ± 0.91gh	23.90 ± 0.35def	138.21 ± 2.24ab
N3P3K13	57.19 ± 2.08f	53.39 ± 1.35gh	20.91 ± 1.43efg	131.49 ± 4.77ab
N3P3K3	41.20 ± 1.91h	27.82 ± 1.28i	12.04 ± 1.30h	81.06 ± 4.46b
N16P10K8	115.30 ± 1.57a	98.98 ± 0.19a	23.59 ± 1.18defg	237.87 ± 2.87a
N2P10K8	63.08 ± 1.00def	67.99 ± 0.23de	22.27 ± 1.01efg	153.34 ± 2.23ab
N9P18K8	48.87 ± 0.62g	49.50 ± 1.28h	12.80 ± 0.67h	111.17 ± 2.55ab
N9P2K8	68.72 ± 0.99cd	55.96 ± 1.40g	28.33 ± 0.95d	153.01 ± 3.32ab
N9P10K14	63.28 ± 0.89def	72.33 ± 0.49cd	20.24 ± 1.18efg	155.85 ± 2.56ab
N9P10K2	64.00 ± 1.90de	72.97 ± 0.95c	18.72 ± 0.45g	155.69 ± 3.29ab
N9P10K8	62.21 ± 1.07ef	76.78 ± 0.34c	49.06 ± 0.37a	188.05 ± 1.65ab

由表3-11可知,紫花苜蓿的根系表面积在 0~10cm 层和 10~20cm 层显著最高,20~30cm 层显著最低。在 N2P10K8、N9P18K8、N9P10K14、N9P10K2 和 N9P10K8 的肥料配施处理下,10~20cm 层较 0~10cm 层的根系总表面积表现好。经其余肥料配施处理后,苜蓿根系在 0~10cm 层呈显著性优势,根系表面积随

土壤深度的变化而减小。N3P3K3在各个土层的根系表面积均显著最低，总表面积也显著最低。

在0~10cm层，经N16P10K8的肥料配施处理的根系表面积显著最高，N3P3K3的肥料配施处理显著最低。在10~20cm层，N16P10K8的根系表面积显著最高，N3P3K3显著最低。在20~30cm层，N9P10K8的根系表面积显著最高，N3P3K3和N9P18K8显著最低且二者无显著差异。其中，N16P10K8的根系总表面积显著最高，N3P3K3的表现最差，显著最低。综上可得，经N16P10K8肥料配施处理的根系表面积最大。

(四) 不同肥料配比对紫花苜蓿根系总体积的影响（表3-12）

表3-12 不同肥料配比对紫花苜蓿根系总体积的影响（cm^3）

处理	0~10cm	10~20cm	20~30cm	总体积
N15P17K13	1.293 ± 0.005e	0.659 ± 0.018f	0.311 ± 0.006de	2.263 ± 0.028b
N15P17K3	0.590 ± 0.037k	0.423 ± 0.017h	0.387 ± 0.037c	1.400 ± 0.091b
N15P3K13	0.834 ± 0.005i	0.657 ± 0.028f	0.479 ± 0.018b	1.969 ± 0.051b
N15P3K3	1.399 ± 0.012d	0.860 ± 0.021c	0.270 ± 0.010e	2.529 ± 0.043ab
N3P17K13	0.954 ± 0.006h	0.956 ± 0.010b	0.474 ± 0.012b	2.384 ± 0.027ab
N3P17K3	0.672 ± 0.015j	0.492 ± 0.009g	0.195 ± 0.005f	1.359 ± 0.028b
N3P3K13	0.980 ± 0.009gh	0.770 ± 0.016de	0.265 ± 0.006e	2.015 ± 0.025b
N3P3K3	0.605 ± 0.005k	0.484 ± 0.010g	0.184 ± 0.005fg	1.273 ± 0.020b
N16P10K8	3.679 ± 0.009a	1.125 ± 0.015a	0.723 ± 0.008a	5.527 ± 0.032a
N2P10K8	1.036 ± 0.012g	0.712 ± 0.010ef	0.302 ± 0.017de	2.049 ± 0.040b
N9P18K8	0.980 ± 0.012gh	0.661 ± 0.019f	0.146 ± 0.010fg	1.786 ± 0.040b
N9P2K8	1.231 ± 0.011f	0.660 ± 0.013f	0.332 ± 0.010d	2.223 ± 0.034b
N9P10K14	0.855 ± 0.012i	0.725 ± 0.006e	0.174 ± 0.013fg	1.754 ± 0.028b
N9P10K2	1.473 ± 0.018c	0.819 ± 0.009cd	0.132 ± 0.004g	2.424 ± 0.031ab
N9P10K8	1.545 ± 0.011b	1.127 ± 0.006a	0.522 ± 0.005b	3.194 ± 0.023ab

由表3-12可知，紫花苜蓿根系总体积在0~10cm层和10~20cm层显著最

高，20~30cm层显著最低。经肥料处理后，苜蓿根系总体积与土壤深度呈负相关关系，随着土层的加深，根系总体积不断减小。N16P10K8在各个土层的根系总体积均显著最高，总体积也显著最高。

在0~10cm层，经N16P10K8肥料配施处理的根系体积显著最高，N15P17K3和N3P3K3处理显著最低且二者无显著差异。在10~20cm层，N9P10K8和N16P10K8处理的根系体积显著最高且无显著差异，N15P17K3处理显著最低，N3P3K3次之，且二者无显著差异。在20~30cm层，经N16P10K8肥料配施处理显著最高，N9P10K2显著最低。经N16P10K8处理的根系总体积显著最高。综合可得，以N16P10K8肥料配施处理的根系总体积最优。

(五) 不同肥料配比对紫花苜蓿平均根直径的影响 (表3-13)

表3-13 不同肥料配比对紫花苜蓿平均根直径的影响 (mm)

处理	0~10cm	10~20cm	20~30cm	平均根直径
N15P17K13	0.554 ± 0.011d	0.492 ± 0.015e	0.687 ± 0.007e	0.578 ± 0.033bcd
N15P17K3	0.561 ± 0.010d	0.626 ± 0.006c	0.918 ± 0.011b	0.702 ± 0.027bc
N15P3K13	0.506 ± 0.007e	0.445 ± 0.006fgh	0.496 ± 0.013gh	0.482 ± 0.025bcd
N15P3K3	0.556 ± 0.010d	0.382 ± 0.008jkl	0.437 ± 0.012i	0.458 ± 0.030cd
N3P17K13	0.515 ± 0.008e	0.582 ± 0.009d	0.776 ± 0.011d	0.624 ± 0.028bcd
N3P17K3	0.433 ± 0.009f	0.371 ± 0.010kl	0.323 ± 0.008j	0.376 ± 0.027d
N3P3K13	0.518 ± 0.006e	0.470 ± 0.010ef	0.528 ± 0.006g	0.506 ± 0.022bcd
N3P3K3	0.591 ± 0.006d	0.706 ± 0.007b	0.584 ± 0.007f	0.627 ± 0.020bcd
N16P10K8	0.672 ± 0.008c	0.456 ± 0.003fg	1.233 ± 0.010a	0.787 ± 0.020b
N2P10K8	0.485 ± 0.005e	0.414 ± 0.006hij	0.525 ± 0.004g	0.475 ± 0.016cd
N9P18K8	0.562 ± 0.014d	0.433 ± 0.003ghi	0.466 ± 0.011hi	0.487 ± 0.027bcd
N9P2K8	0.719 ± 0.010b	0.462 ± 0.003efg	0.466 ± 0.008hi	0.549 ± 0.020bcd
N9P10K14	0.404 ± 0.006f	0.357 ± 0.012l	0.345 ± 0.011j	0.369 ± 0.029d
N9P10K2	0.646 ± 0.008c	0.402 ± 0.005ijk	0.288 ± 0.006k	0.445 ± 0.019cd
N9P10K8	1.342 ± 0.010a	1.182 ± 0.005a	0.823 ± 0.007c	1.115 ± 0.023a

由表3-13可知，在0~10cm层，平均根直径以N9P10K8肥料配施组合处理显著最高，N9P10K14和N3P17K3显著最低且二者无显著性差异，表明在一定的N、P条件下，K含量的增多会导致根系平均直径的减小。在10~20cm层，以N9P10K8处理显著最高，N9P10K14显著最低。在20~30cm层，以N16P10K8处理显著最高，N9P10K2显著最低，N3P17K3和N9P10K14次之且三者无显著性差异，表示在同变量的情况下，K含量会对平均根直径产生一定的影响。在0~30cm层，平均根直径以N9P10K8肥料配施组合显著最高，N9P10K14和N3P17K3显著最低且二者无显著性差异。结果显示，N9P10K8的肥料配施组合对苜蓿平均根直径的影响表现最优，N9P10K14和N3P17K3的表现最弱。表明在一定的N、P肥料配比条件下，K含量的增大会导致平均根直径的减小。

(六) 不同肥料配比对紫花苜蓿根系生物量的影响 (表3-14)

表3-14　不同肥料配比对紫花苜蓿根系生物量的影响 (g)

处理	0~10cm	10~20cm	20~30cm	总生物量
N15P17K13	7.11 ± 0.06g	3.34 ± 0.04fg	1.06 ± 0.02abcd	11.51 ± 0.12
N15P17K3	5.80 ± 0.09i	3.16 ± 0.09fgh	1.19 ± 0.11ab	10.16 ± 0.30
N15P3K13	9.87 ± 0.13b	4.21 ± 0.13de	0.99 ± 0.10bcde	15.07 ± 0.36
N15P3K3	7.73 ± 0.12f	2.77 ± 0.14h	0.31 ± 0.02g	10.82 ± 0.27
N3P17K13	7.05 ± 0.06g	3.95 ± 0.15e	0.67 ± 0.06ef	11.66 ± 0.27
N3P17K3	6.49 ± 0.05h	3.48 ± 0.06f	0.59 ± 0.05fg	10.57 ± 0.17
N3P3K13	8.66 ± 0.02d	4.84 ± 0.10c	1.15 ± 0.09abc	14.66 ± 0.21
N3P3K3	5.25 ± 0.06j	3.00 ± 0.04gh	0.94 ± 0.13bcde	9.19 ± 0.22
N16P10K8	7.23 ± 0.03g	8.81 ± 0.06a	0.76 ± 0.04def	16.80 ± 0.13
N2P10K8	8.21 ± 0.04e	4.47 ± 0.07cd	1.19 ± 0.04ab	13.86 ± 0.15
N9P18K8	8.84 ± 0.07d	4.72 ± 0.13c	1.03 ± 0.08abcd	14.59 ± 0.28
N9P2K8	10.91 ± 0.10a	6.23 ± 0.08b	1.36 ± 0.08a	18.50 ± 0.26
N9P10K14	7.64 ± 0.07f	4.20 ± 0.08de	0.83 ± 0.04cdef	12.67 ± 0.20

续表

处理	0~10cm	10~20cm	20~30cm	总生物量
N9P10K2	9.47 ± 0.07c	6.55 ± 0.04b	1.01 ± 0.11bcd	17.03 ± 0.21
N9P10K8	6.58 ± 0.06h	4.03 ± 0.15e	1.36 ± 0.07a	11.96 ± 0.28

由表3-14可知，紫花苜蓿根系生物量在0~10cm层和10~20cm层显著最高，在20~30cm层显著最低。其中，在N16P10K8的肥料处理下，10~20cm层较0~10cm层的根系生物量表现好。经其余肥料处理后，苜蓿根系生物量与土壤深度呈负相关关系，随着土层的加深，根系生物量在不断减小。

在0~10cm层，N9P2K8肥料配施处理的根系生物量显著最高，N3P3K3显著最低。在10~20cm层，以N16P10K8肥料配施处理的根系生物量表现最好，显著最高，N15P3K3根系生物量表现最差，显著最低。在20~30cm层，以N9P2K8和N9P10K8处理显著最高，N15P3K3显著最低。在15种不同肥料配施组合处理下，经过N9P2K8处理的根系生物量表现好于其他肥料配施组合，经过N3P3K3处理的根系生物量较其他肥料配施组合相比最差。综上可得，以N9P2K8肥料配施组合处理下得到的根系总生物量达到最优。

(七)隶属函数分析(表3-15)

表3-15 不同肥料配比下的隶属函数值

处理	总表面积	平均直径	总根长	总体积	总生物量	隶属函数均值
N15P17K13	0.34	0.28	0.30	0.23	0.25	0.28
N15P17K3	0.46	0.45	0.29	0.03	0.10	0.27
N15P3K13	0.54	0.15	0.55	0.16	0.63	0.41
N15P3K3	0.75	0.12	0.88	0.30	0.18	0.44
N3P17K13	0.51	0.34	0.39	0.26	0.27	0.35
N3P17K3	0.36	0.01	0.59	0.02	0.15	0.23
N3P3K13	0.32	0.18	0.45	0.17	0.59	0.34
N3P3K3	0	0.35	0	0	0	0.07
N16P10K8	1	0.56	1	1	0.82	0.88

续表

处理	总表面积	平均直径	总根长	总体积	总生物量	隶属函数均值
N2P10K8	0.46	0.14	0.55	0.18	0.50	0.37
N9P18K8	0.19	0.16	0.31	0.12	0.58	0.27
N9P2K8	0.46	0.24	0.38	0.22	1	0.46
N9P10K14	0.48	0	0.76	0.11	0.37	0.34
N9P10K2	0.48	0.10	0.61	0.27	0.84	0.46
N9P10K8	0.68	1	0.57	0.45	0.30	0.60

注：计算公式为：$R(X_i) = (X_i - X_{min}) / (X_{max} - X_{min})$，式中，$R$ 为隶属函数分析值，X_i 为指标测定值，X_{min}、X_{max} 为数据指标的最小值和最大值。隶属函数值越接近"1"，表示程度越高；越接近"0"，表示程度越低。

单一指标不能表示不同肥料配施组合的综合优劣，根据各项根系形态指标分析，对不同肥料配施组合下的总表面积、平均直径、总根长、总体积和总生物量五项指标进行隶属函数分析并求平均值。计算分析结果见表3-15，在不同肥料组合配施下，N16P10K8的总表面积、总根长和总体积的隶属函数值最高；N9P10K8的平均直径的隶属函数值最高；N9P2K8的总生物量的隶属函数值最高。肥料配施组合N3P3K3的总表面积、总根长、总体积和总生物量的隶属函数值最低；N9P10K14的平均直径的隶属函数值最低。

根据隶属函数平均值的大小对肥料配施进行综合排序为：N16P10K8 > N9P10K8 > N9P2K8=N9P10K2 > N15P3K3 > N15P3K13 > N2P10K8 > N3P17K13 > N9P10K14=N3P3K13 > N15P17K13 > N15P17K3=N9P18K8 > N3P17K3 > N3P3K3。综上，表明紫花苜蓿在沙地的环境下，N16P10K8肥料配施组合表现最佳，N3P3K3肥料配施组合表现最差。

三、讨论

根系的生长发育在一定程度上反映了植株的生长状况（郭正刚等，2003）。本次试验研究发现，不同肥料配施组合影响根系的生长发育。总表面积、平均直径、总根长、总体积及总生物量的各项数据指标均有较显著差异，表明氮、磷、钾肥料的不同肥料配施组合影响紫花苜蓿根系的生长，对增加作物产量具有促进作用，这与刘贵河等得出的肥料配施影响作物产量的研究结论相一致。

根系体积越大，表示植物的根系越发达，根系与土壤的接触面积越广泛，植物的养分吸收能力则越强（Ma Q D 等，1999；McIntosh M S 等，1980）。试验研究发现，在 N16P10K8 肥料配施组合处理下，紫花苜蓿的总表面积、总根长和总体积较其他配施组合隶属函数值高。表明 N16P10K8 肥料配施组合，即以施入量为 16kg/亩纯 N，10kg/亩 P_2O_5，8kg/亩 K_2O 时，得到的紫花苜蓿根系体积最大，养分的吸收能力最强。与此同时，N16P10K8 隶属函数平均值较其他肥料配施组合数值高。综合分析得出，N16P10K8 的肥料配施组合在榆林风沙草滩区综合性状表现最优。

苜蓿的根系组成主要分为主根和侧根两部分（张世超等，2017），侧根主要集中在 0~20cm 土层间，根系生物量、主根直径整体上表现为从土壤表层到深层递减（吴新卫等，2007）。紫花苜蓿为多年生豆科牧草，根系发达，属于直根系（陈积山等，2009）。结合根系形态的数据研究发现，在 N16P10K8 肥料配比组合处理下，苜蓿根系的生长形态主要表现为：侧根数和根芽数较多，主根长较短。表明紫花苜蓿在 N16P10K8 肥料配施组合的影响下，通过增加侧根数量，减少主根的长度，增加根系表面积，更好地吸收表层土壤中的养分。这与李锋等（2002）主根和侧根分布的相对变化影响根系的形态和功能的观点相一致。此外，根系形态的主侧根变化可能与榆林沙地较为贫瘠的地貌环境也有一定的关系。沙土结构松散，保水保肥性能差（范冠宇等，2021），深土层难以满足苜蓿根系的水肥需求，根系生长主要聚集在浅土层，难以深入地下。主根变短、侧根数量增加是苜蓿根系应对环境因子的机制反馈，有利于扩大苜蓿根系的总体积和总表面积，获取土壤中更多的水分和养分，从而增加作物产量，获得更优质牧草。

四、结论

不同肥料配施处理下紫花苜蓿根系总生物量均随土层的加深呈现降低变化趋势，且 0~10cm 和 10~20cm 土层的根系总生物量显著高于 20~30cm 土层；隶属函数综合分析表明，N16P10K8 肥料配施下其隶属平均值最高，其根系性状主要表现为具有相对较高的根系总生物量、总表面积、总体积、总根长和侧根数量，以及相对较低的主根长。综上，氮磷钾配施为16kg/亩纯N、10kg/亩 P_2O_5、8kg/亩 K_2O 时，可明显增加紫花苜蓿根系总吸收表面积以提高其对表层土壤养分的吸收能力。

第三节　不同紫花苜蓿生物量分配与越冬性状的相关性分析

一、材料与方法

(一)试验地概况

试验地位于陕西省榆林市农业科技示范园区，地理坐标为东经107°40′，北纬37°37′，海拔高度为1200m，属温带半干旱大陆性气候，四季分明，光照充足。年平均气温10.2℃，年降水量为526mm，年日照时数为2561h，无霜期为200天，积温大于3000℃。试验地地势平坦，土壤类型为风沙土，肥力均匀，灌溉条件为滴管。

(二)试验材料

供试紫花苜蓿品种名称、来源如表3-16所示。

表3-16　20个供试苜蓿品种的种质信息

序号	品种	来源	育成单位	采集地点
1	皇后	加拿大	荷兰百绿集团	中国百绿集团
2	三得利	法国	荷兰百绿集团	中国百绿集团
3	421Q苜蓿	北美洲	荷兰百绿集团	中国百绿集团
4	阿尔冈金	加拿大	荷兰百绿集团	中国百绿集团
5	Bara 218	北美洲	荷兰百绿集团	中国百绿集团
6	Bara 310	北美洲	荷兰百绿集团	中国百绿集团
7	Bara 420	北美洲	荷兰百绿集团	中国百绿集团
8	Bara 416	北美洲	荷兰百绿集团	中国百绿集团

续表

序号	品种	来源	育成单位	采集地点
9	康赛	加拿大	美国 Cal/Wes 公司	宁夏佰青源草业有限公司
10	啊迪娜	美国	美国 Cal/Wes 公司	宁夏佰青源草业有限公司
11	威纳尔	中国	郑州华丰草业科技有限公司	郑州华丰草业科技有限公司
12	游侠	中国	郑州华丰草业科技有限公司	郑州华丰草业科技有限公司
13	骑士丁	美国	美国 Dairyland seed 公司	宁夏佰青源草业有限公司
14	WL319	美国	美国牧草资源公司	北京正道生态科技有限公司
15	WL323	美国	美国牧草资源公司	北京正道生态科技有限公司
16	WL353	美国	美国牧草资源公司	北京正道生态科技有限公司
17	WL298	美国	美国牧草资源公司	北京正道生态科技有限公司
18	WL326	美国	美国牧草资源公司	北京正道生态科技有限公司
19	WL343	美国	美国牧草资源公司	北京正道生态科技有限公司
20	WL168	美国	美国牧草资源公司	北京正道生态科技有限公司

(三) 试验设计

试验于2018年5月至2018年11月进行，试验田总面积共计1300 m^2，供试品种共20个，采用随机区组设计，3次重复，共60个小区，每个试验小区面积20 m^2（8m×2.5m）。播种方式为人工条播，行距30cm，播深2.5cm。地面铺设滴灌带，每个小区设8条滴灌带。试验小区中当年生苜蓿不做刈割处理，使其完成完整生育阶段，不同物候期测定相应指标，于开花前期测定地上部分干重，开花后期测定单株茎叶重和根干重，枯黄期测定种子千粒重。生育期内进行常规灌溉施肥等统一田间管理。

(四) 测定指标及方法

1. 地上部生物量

小区内选取长势均匀地块，使用规格为1m×1m的取样器单边以一行苜蓿为基准边进行随机选取，后人工使用镰刀从离地4~5cm处刈割，装于鲜草袋中在实验室用烘箱以105℃高温进行杀青的初步处理，时间为30min，随后降温至80℃进行完全烘干处理，烘干后使用电子手提秤称重记录。

2. 单株茎、叶生物量

初花期在每个小区内随机抽取3株（选取时避开小区边行与长势差距明显的位置），每品种重复3次，共计180株，每小区以3株为1个单位，齐地剪取，塑封袋封装。在实验室对其进行茎叶分离，并装于信封内烘箱80℃烘干至恒重，电子天平称重记录。

3. 根生物量

结荚期使用直径9cm根钻在小区随机选取位置，根钻深度为苜蓿根长，40~60cm处，取出后将所含根系土壤均装于塑封袋，筛子初步筛除根土后清水冲洗干净为止，后置于烘箱中恒温烘干称重记录。

4. 千粒重

枯黄期于苜蓿种子基本处于完熟状态后按品种分别收集苜蓿所结荚果，采集数量需明显大于所需数量。晾干，手工分离种子与包被物，筛选干净后使用镊子挑选出完好饱满的种子称量其千粒重。

5. 越冬率

翌年基本返青后，在长势均匀的样地中随机按行选取出一定长度的苜蓿地块，对苜蓿行两侧土壤分别铲开，深度10~15cm，依次对范围内苜蓿根系选取30株，记录越冬成功个数和失败个数。越冬率=越冬成功个数/调查总株数。

(五) 统计分析

试验数据利用Microsoft Exced 2010进行数据归纳整理及图表制作，采用IBM SPSS Statistics 19.0统计分析软件中的单因素方差分析对各指标进行显著性(P=0.05)分析。

二、结果与分析

(一) 紫花苜蓿地上各部生物量与越冬率间相关性分析

不同品种间越冬率的测定如图3-1和图3-2所示，试验地中当年生苜蓿越冬率范围为88.9%~100%，集中于94%~98%的品种数为14个，占总数的73.7%（试验品种皇后出苗率过低，不在统计之中）。在与不同部位生物量相关性检验中，如地上部生物量、单株茎生物量、单株叶生物量、千粒重，越冬率与单株茎干重在P<0.05水平上呈现显著负相关，R=-0.476；与每平方米地

上干重呈现显著正相关，$R=0.498$。对单株茎干重和地上部生物量进行方差显著性检验表明，品种间二者均有显著性差异。反映了随着初花期单株茎干重的不断增加越冬率有不断下降的趋势，而伴随着初花期地上部生物量的增加越冬率有逐渐上升的趋势。越冬率和单株叶生物量、千粒重之间 $P<0.05$ 水平上无显著相关性。

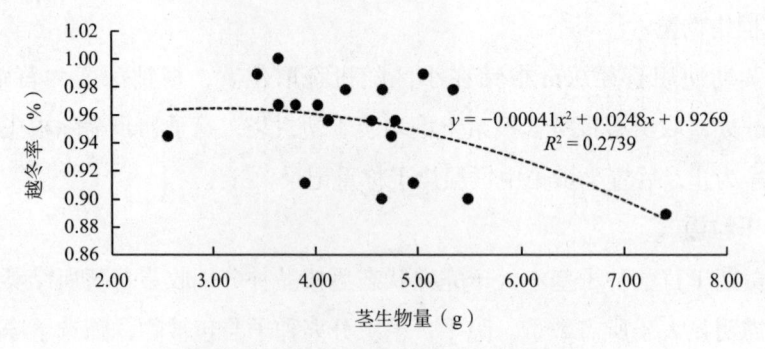

图 3-1 越冬率与单株茎生物量相关性

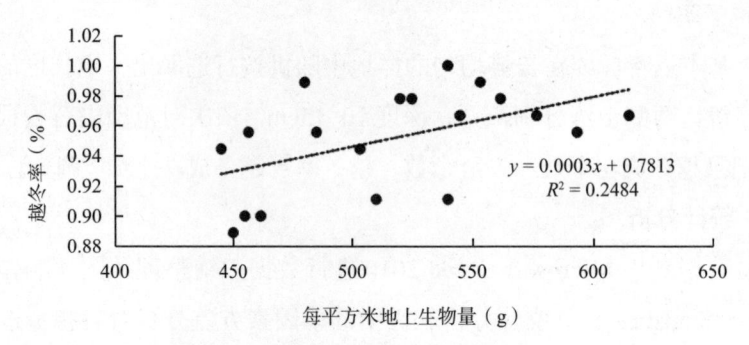

图 3-2 越冬率与地上部生物量相关性

（二）紫花苜蓿地下部生物量与越冬率间相关性分析

由图 3-3 可知，枯黄期不同苜蓿品种间在直径为 9cm 的根钻面积中根干重差异显著，19 个比较品种中三得利根干重显著地高于其他品种，其后依次分别为骑士丁和威纳尔。由图 3-4 可知，通过对根干重和越冬率之间的相关性分析表明，在 0.05 水平之上，越冬率和根干重之间无明显的线性相关性。越冬率在 94% 以上的品种，根生物量为 4.49~12.45g，变化范围较大，两者间也未发现高越冬率品种的根生物量集中于某一区间的趋势。越冬率最高的品种 WL168

（100%）和最低的品种 WL298（88.89%）根生物量分别为 6.60g 和 6.05g，越冬率差异最大，根生物量差异不显著。根生物量最高的品种三得利（16.725g）和最低的 Bara218（4.49g）越冬率分别为 90.0% 和 96.7%，即根生物量最高时越冬率较低，而最低时越冬率较高。

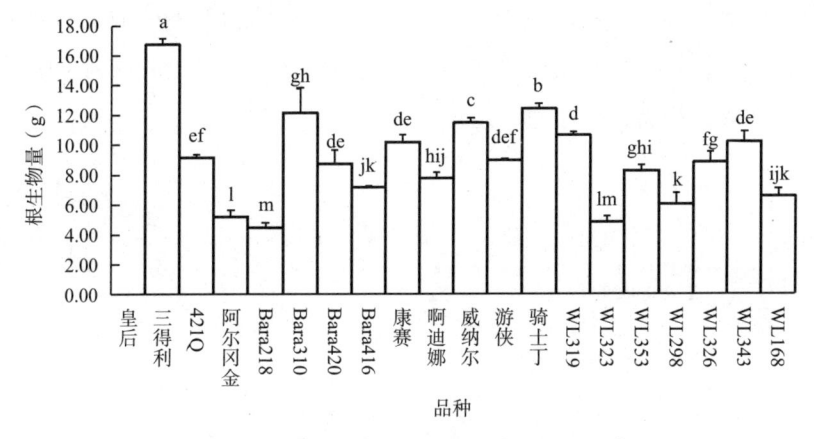

图 3-3　根钻面积内根生物量（直径 9cm）

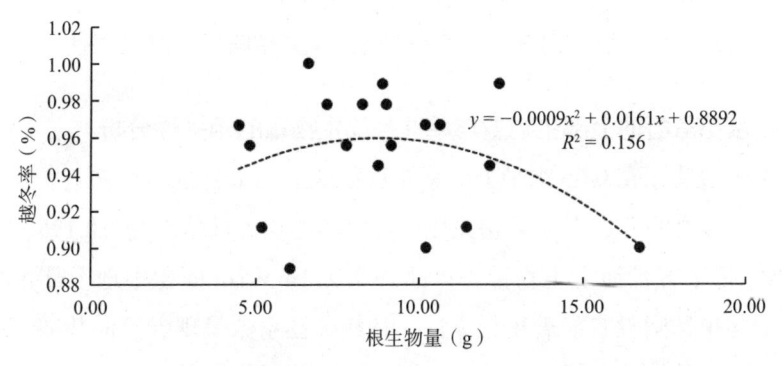

$y = -0.0009x^2 + 0.0161x + 0.8892$
$R^2 = 0.156$

图 3-4　越冬率和根钻面积内根生物量（直径 9cm）相关性

（三）紫花苜蓿地上各部生物量相关性分析

如图 3-5 所示，通过对供试苜蓿品种的初花期的茎生物量、叶生物量与种子完熟期的千粒重进行相关性分析可知，在 0.05 的水平之上，品种间单株茎生物量与叶生物量存在显著性差异，并且二者的正相关极显著。同时两者之间拟合函数的变化系数接近，茎生物量为 0.1031、叶生物量为 0.097，变化的幅度相对一致。伴随着单株茎生物量的增加单株叶生物量也随之而增加，WL298 的单株茎、叶生物量与其他品种相比均为最高，分别为7.41g和5.49g; Bara310的单株茎、叶生物量显著地低于其他品种，分别为4.83g和2.56g。单株茎生物量与千粒重间的相关系数=0.604，极显著反应了二者的正相关；叶生物量与千粒重之间的关系为正相关，且为极显著，相关系数=0.594。千粒重最重的品种为WL298(19.65g)，同单株茎生物量(7.41g)、叶生物量(12.56g)最重的为同一品种。品种间千粒重、初花期的单株茎生物量与单株叶生物量的三因子中两两之间分别存在着正相关，且均为极显著。

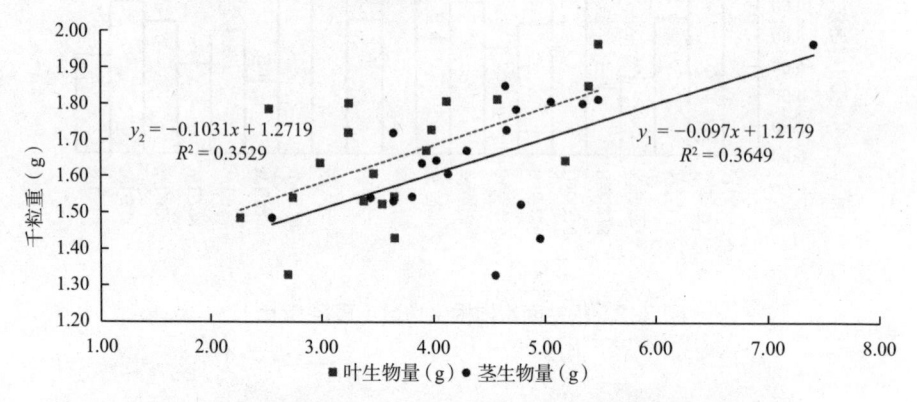

$y_2 = -0.1031x + 1.2719$
$R^2 = 0.3529$

$y_1 = -0.097x + 1.2179$
$R^2 = 0.3649$

图3-5 紫花苜蓿千粒重、单株茎生物量和单株叶生物量相关性

(四) 紫花苜蓿地上部生物量与单株各部生物量的相关性分析

图3-6表明，在0.05水平上，紫花苜蓿地上部生物量与单株茎、叶、地上部生物量三者之间并没有显著相关性，与三者的相关性依次为-0.176、-0.009和0.014。每平方米地上生物量为该品种小区1m×1m面积中地上部生物量的总和，但与单株间没有显著正相关性。且相关性系数呈现着负向趋势。地上部生物量并不随单株地上部生物量的增加而增加，而有随着其增加变得减少趋势。在0.01的水平上单株茎生物量、叶生物量同单株地上部生物量之间均具有极显著的正相关性。单株茎生物量和单株地上部生物量间相关系数为0.727，叶生物量与单株地上部生物量间相关系数为0.832。随着单株茎生物量与单株叶生物量的增加单株地上部生物量也随之增加，通过计算茎叶比发现除WL343与WL319之外，其余品种茎叶比均大于1，即品种间的茎重普遍大于叶重。但相较之单株茎生物量，单株叶生物量与单株地上部生物量的增长关系更加紧密。

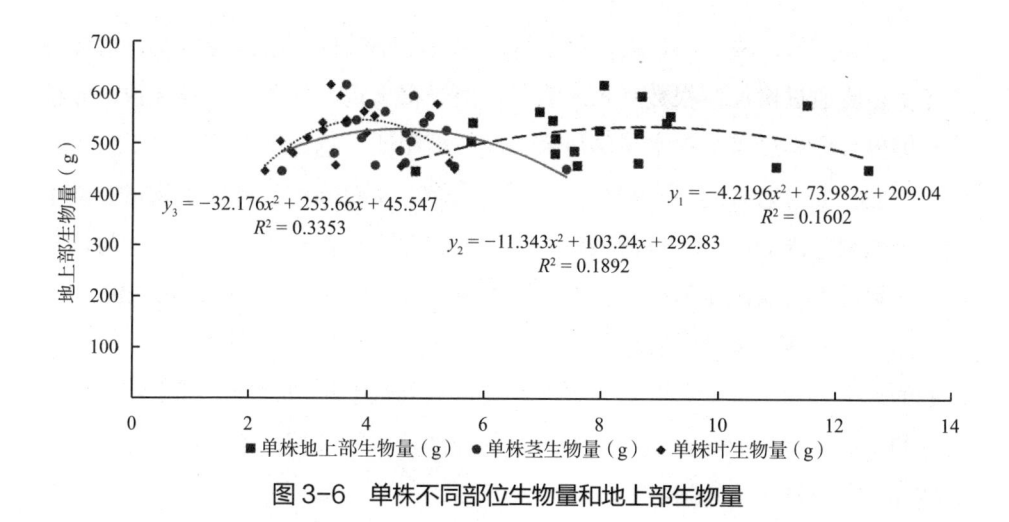

图3-6 单株不同部位生物量和地上部生物量

$y_1 = -4.2196x^2 + 73.982x + 209.04$
$R^2 = 0.1602$

$y_2 = -11.343x^2 + 103.24x + 292.83$
$R^2 = 0.1892$

$y_3 = -32.176x^2 + 253.66x + 45.547$
$R^2 = 0.3353$

三、讨论

本试验系统比较了榆林风沙草滩区20个苜蓿品种引种试验中不同部位生物量分配与越冬率的相关性。研究表明不同苜蓿品种在单株茎生物量、叶生物量、千粒重以及地上部生物量有显著性差异，越冬率之间也有差异，且单株茎生物量、地上部生物量与越冬率之间有显著相关性；这些结果印证了前人的一些试验结果和结论（席溢等，2017）。品种间随着单株叶生物量的线性增加所对应的单株茎生物量也随之线性增加，二者线性增加系数基本一致，显示出了高度的相关一致性，这与王振南等（2016）的研究结果相吻合。茎、叶作为苜蓿光合物质主要的制造部位和运输部位，叶部源的强弱对茎部发育所需物质有直接供给作用，而对后期作为库的种子则有着持续的影响关系。（张前兵等，2017）因而不同品种间枯黄期千粒重分别与茎生物量、叶生物量间为极显著正相关，植株各部相互之间具有显著影响。

本研究中，20个供试紫花苜蓿品种的地上部生物量与千粒重之间没有显著相关性，这与光合产物主要由叶片制造有关而茎则主要起支撑和运输作用。这些试验品种的茎叶比除两个品种外均大于1，平均值也为茎重大于叶重，同张庆霞等（2009）的研究苜蓿地上部的产量在诸多性状中主要受株高的影响结果相一致。紫花苜蓿枯黄期的根生物量在不同品种间差异极为显著，但与后期越冬率无显著相关性，根生物量最高的品种出现越冬率较低，这符合紫花苜蓿提升越冬率主要通过增加侧根数和根颈直径，由于根干重与侧根数、根芽数、分枝数和侧根直径无显著相关水平的研究揭露，也印证了越冬率并不决定于根系其他表型性状上的绝对大小（冯鹏等，2017）。越冬率较高的品种根生物量有集中于一个范围之内的趋势，较低根生物量的低越冬率比例达到了50%，这与苜蓿植株根颈过于细嫩往往不利于苜蓿越冬的研究结论相一致（曾庆飞等，2005）。

随初花期茎生物量增加越冬率降低，而地上部生物量的增加会提升越冬率。前者的减少有利于降低茎叶比来提升紫花苜蓿的饲喂价值，地上部生物量提升则有利于提升单位面积产量，增加苜蓿的经济效益，且相互不冲突的同时可以提高苜蓿在榆林冬季的越冬率。

四、结论

本试验供试20个品种，除皇后出苗率低外，其余19个紫花苜蓿品种初花期的茎生物量、叶生物量、地上部生物量和枯黄期的根生物量均存在品种间的显著差异。紫花苜蓿千粒重（果实生物量）与初花期茎生物量、叶生物量、地上部生物量均存在极显著的正相关；初花期的地上部生物量与每平方米地上部生物量间相关性不显著；枯黄期根生物量与初花期地上各部生物量间关系不显著；初花期的茎生物量与越冬率呈显著负相关，每平方米地上部生物量与越冬率则呈显著正相关，这表明初花期地上各部生物量间关系紧密；说明紫花苜蓿不同部位生物量的分配与来年返青期的越冬率具有一定的相关性。

因此，紫花苜蓿的生物量分配指标可作为榆林地区苜蓿引种试验中筛选高产优质品种的参考指标之一。

第四节　不同品种紫花苜蓿的越冬率及根颈根系分析

一、试验地概况

本试验地位于陕西省榆林市现代农业科技示范园区，地理位置为东经109°45′，北纬38°22′，海拔960~1250m，属温带干旱、半干旱大陆性季风气候，年平均气温达到8.6℃，年均降水量为450mm，降水日达76天，降雨大多集中在7~9月，年均无霜期155天，年均光照辐射总量为139.23kg/cm², 年均日照时数为2815h，晴天多，阴天较少，日照丰富，光能资源充足。此样地土壤为典型的风沙土，比热容高，通透性良好，土壤不易板结，有机质含量为3.59g/kg，pH为8.2。灌溉条件为滴灌。(刘怀华等，2021)试验地地势平坦，地下水位较高，便于灌溉，肥力水平中等，越冬期间调查天气情况如图3-7所示。

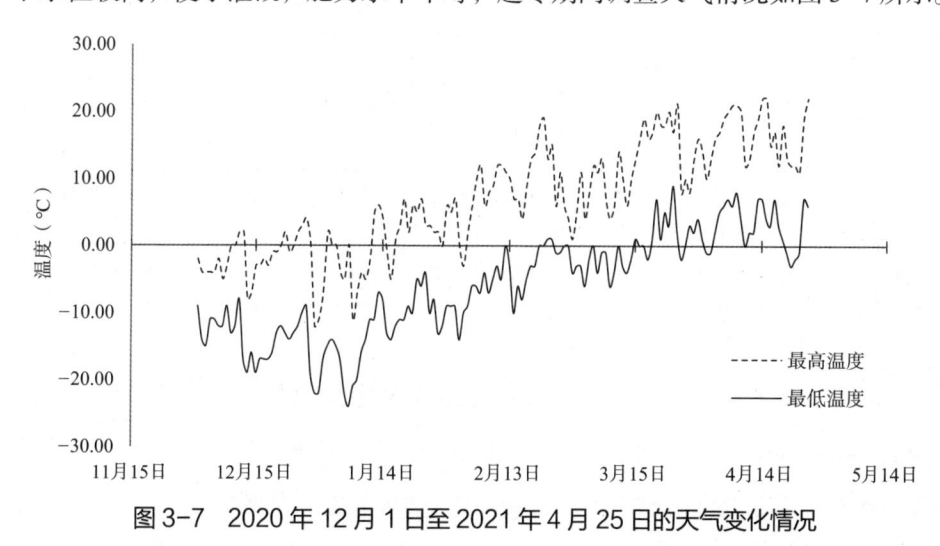

图3-7 2020年12月1日至2021年4月25日的天气变化情况

二、材料与方法

(一)试验材料

参试20个苜蓿品种(包括国外14个品种，国内6个品种，均由北京百绿国际草业有限公司提供)，名称及原产地信息见表3-17。

表3-17 20个供试紫花苜蓿品种概况

编号	品种	英文名称	原产地	编号	品种	英文名称	原产地
1	劳博	Lobo	美国	4	擎天柱	Optimus prime	美国
2	金皇后	Golden Empress	美国	5	金钱	Rhino	美国
3	康赛	Concept	美国	6	WL354HQ	WL354HQ	美国

续表

编号	品种	英文名称	原产地	编号	品种	英文名称	原产地
7	SW425	SW425	美国	14	赛迪	Sadie	加拿大
8	SW3211	SW3211	美国	15	甘农3号	Gannong No.3	中国
9	Bara421	Bara421	美国	16	中天1号	Zhongtian No.1	中国
10	Bara416WET	Bara416WET	美国	17	新牧4号	Xingmu No.4	中国
11	三得利	Sanditi	法国	18	隆冬	Longdong	中国
12	阿迪娜	Adina	加拿大	19	敖汉	Aohan	中国
13	极光	Aurora polaris	加拿大	20	中苜1号	Zhongmu No.1	中国

(二) 试验方法

田间试验采用随机区组设计，于2020年5月28日播种，小区面积为20m^2（4m×5m），每小区种植12行，行距为20cm，3次重复。采用人工开沟进行条播，播种深度为2cm，播种量为20kg/hm^2，播种后施入基肥氮肥（含N≥43%），2020年6月20日出苗后定期进行灌溉、除草等田间管理工作。

(1) 2020年10月30日秋末对各品种小区设置刈割处理样方1.5m×1.5m，4个重复，分别设不同刈割留茬高度5cm、10cm、15cm及对照组（不进行刈割），待2021年5月紫花苜蓿均返青后调查其越冬率。

(2) 2020年11月2日对不同品种小区设置入冬前灌水处理样方1m^2，4个重复，分别设不同灌水量100m^3/hm^2、150m^3/hm^{2}和200m^3/hm^{2}及对照组CK（不进行灌水），待2021年5月紫花苜蓿均返青后调查其越冬率。

(3) 2021年5月苜蓿在返青基本完成后对入冬前设定好的样方内对不同品种紫花苜蓿的主根直径、主根长、根颈芽、根系生物量等进行测定。

(4) 2021年分别在6月、7月、8月对紫花苜蓿进行刈割，每茬选紫花苜蓿长至初花期时进行刈割，全年共刈割3茬，每茬分别测量不同紫花苜蓿品种的株高、茎粗、茎重、叶重、干草产量及营养指标，并计算出叶茎比与干鲜比。

(三) 测定指标与方法

于2020年4月25日在各小区远离边行30cm处，随机选取50cm样段，用小铲掏去根旁土，取得完整苜蓿根系，每个小区挖取10株，去掉最大株和最小株，选取5株进行测量，测定苜蓿主根直径、主根长、根颈芽、根系生物量等。

主根直径：用游标卡尺测量植株根颈以下1cm处直径并记录。

主根长：用直尺测量根颈底端到主根直径≥0.1cm处的长度。

根颈芽：观察从根颈直接长出的芽数并进行记录。

根生物量：将测量后的根系脱水，在80℃烘箱内烘干至恒重，使用电子秤称量。

越冬率：于2021年5月紫花苜蓿均返青期后，在每个不同紫花苜蓿品种小区中选取中间地段，测定1m样段总植株数及返青植株数，3次重复，计算越冬率。

$$越冬率(\%) = (返青植株数 / 总植株数) \times 100\%$$

三、结果与分析

不同品种紫花苜蓿的越冬率及根颈根系

1. 越冬率

在播种第一年年底对所有紫花苜蓿品种不进行刈割与灌水处理的情况下，各品种紫花苜蓿的自然越冬率如图3-8所示。

不同品种紫花苜蓿的越冬率范围为25.33%~97.33%。其中越冬率最高的品种是隆冬（97.33%），其次是新牧4号（96.67%）、阿迪娜（95.00%）、金钱（94.67%），与其他品种形成显著性差异（$P<0.05$），越冬率较高的品种还有SW3211（92.33%）、擎天柱（92.27%）、康赛（90.93%）、Bara416WET（90.00%），这8个品种的越冬率均大于90%。其余紫花苜蓿品种的越冬率均不足90%，其中极光、赛迪和Bara421的越冬率均分别为25.33%、38.33%和46.33%，均未达到50%，显著低于其他品种（$P<0.05$）。

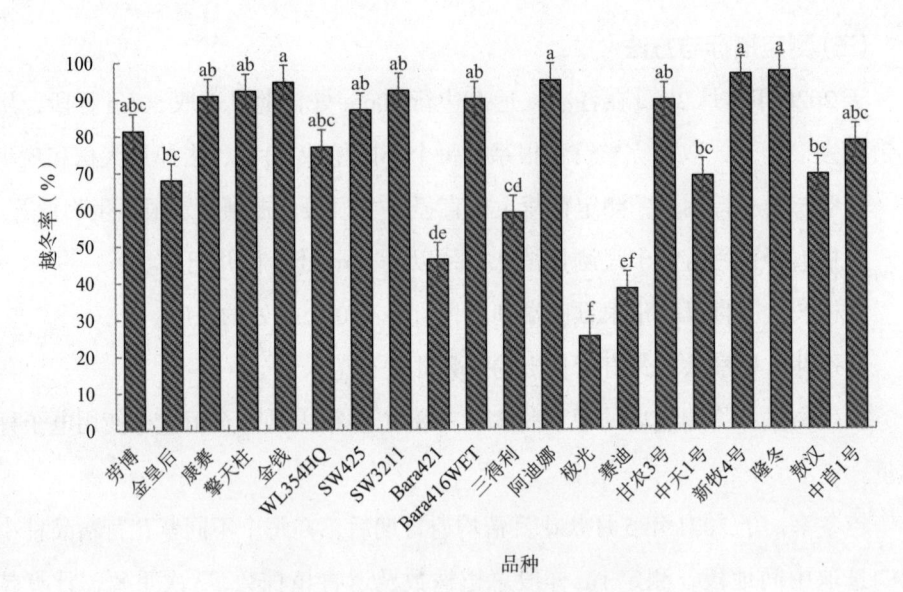

图 3-8 不同品种紫花苜蓿的越冬率

2. 根颈根系

播种第二年待紫花苜蓿返青成功后对不同品种紫花苜蓿的根颈根系指标测量结果见表 3-18。

表 3-18 不同品种根颈根系指标对比

品种	序号	主根长（cm）	主根直径（mm）	根颈芽（个）	根生物量（g）
劳博	1	35.67 ± 2.40abcd	4.61 ± 0.34bcde	3.11 ± 0.29abcd	3.4 ± 0.11abcde
金皇后	2	34.57 ± 4.16abcd	3.30 ± 0.14fg	3.67 ± 0.33abc	1.76 ± 0.35cde
康赛	3	35.03 ± 3.49abcd	4.07 ± 0.27def	2.22 ± 0.11de	2.53 ± 0.61abcde
擎天柱	4	37.03 ± 2.36abc	4.36 ± 0.34cde	3.56 ± 0.29abc	3.78 ± 0.32abcd
金钱	5	33.00 ± 1.31abcd	4.64 ± 0.02abcde	1.78 ± 0.29e	2.91 ± 0.33abcde
WL354HQ	6	33.13 ± 1.79abcd	5.30 ± 0.17ab	4.11 ± 0.48a	4.99 ± 0.65a
SW425	7	32.23 ± 0.79abcd	4.31 ± 0.26cde	2.67 ± 0.38cde	2.56 ± 0.51abcde
SW3211	8	29.77 ± 0.63bcd	4.37 ± 0.39cde	2.89 ± 0.59bcde	2.71 ± 0.79abcde
Bara421	9	38.03 ± 1.70a	4.54 ± 0.38bcde	1.89 ± 0.11e	3.06 ± 0.68abcde
Bara416WET	10	31.63 ± 0.73abcd	4.11 ± 0.08cdef	2.11 ± 0.11de	2.7 ± 0.57abcde

续表

品种	序号	主根长（cm）	主根直径（mm）	根颈芽（个）	根生物量（g）
三得利	11	33.37 ± 1.43abcd	4.72 ± 0.15abcd	3.11 ± 0.48abcd	3.16 ± 0.52abcde
阿迪娜	12	36.63 ± 1.09abc	5.00 ± 0.48abc	3.67 ± 0.33abc	4.61 ± 0.85ab
极光	13	36.93 ± 2.81abc	5.52 ± 0.05a	3.22 ± 0.44abcd	4.16 ± 0.29abc
赛迪	14	30.15 ± 1.43bcd	4.03 ± 0.14def	2.80 ± 0.39cde	3.25 ± 0.23abcde
甘农3号	15	34.27 ± 4.57abcd	4.77 ± 0.52abcd	4.00 ± 0.58ab	3.4 ± 1.26abcde
中天1号	16	29.00 ± 0.67cd	3.37 ± 0.25fg	2.78 ± 0.29cde	1.51 ± 0.19de
新牧4号	17	35.27 ± 0.27abcd	3.80 ± 0.04efg	3.67 ± 0.19abc	2.23 ± 0.18bcde
隆冬	18	39.40 ± 3.26a	5.34 ± 0.23ab	3.44 ± 0.11abc	4.95 ± 2.09a
敖汉	19	29.87 ± 3.00bcd	3.33 ± 0.13fg	2.78 ± 0.11cde	1.68 ± 0.5cde
中苜1号	20	28.57 ± 0.38d	3.07 ± 0.12g	2.67 ± 0.38cde	1.16 ± 0.01e

注：结果表示为"平均值 ± 标准误"（$X \pm SME$），同列不同小写字母表示品种间差异达显著水平（$P < 0.05$）。

不同品种紫花苜蓿的主根长的范围为28.57~39.40cm，其中主根长最大的品种为隆冬（39.40cm），其次是Bara421(38.03cm)，与其他品种形成显著性差异（$P < 0.05$）。擎天柱（37.03cm）、极光（36.93cm）、阿迪娜（36.63cm）、之间没有显著性差异，敖汉（29.87cm）、SW3211（29.77cm）、中天1号（29.00cm）中苜1号（28.57cm）这4个品种的主根长显著小于其他品种（$P < 0.05$）。

不同品种紫花苜蓿的主根直径的范围为3.07~5.52mm，其中主根直径最大的品种是极光（5.52mm），其次较大的品种还有隆冬（5.34mm）、WL354HQ（5.30mm）、阿迪娜（5.00mm）；主根直径较小的品种有中苜1号（3.07mm）、金皇后（3.30mm）和敖汉（3.33mm），与其他品种形成显著性差异（$P < 0.05$）。

不同品种紫花苜蓿的根颈芽数的范围为1.78~4.11个，其中根颈芽数最多的品种是WL354HQ（4.11个），其次是甘农3号（4.00个）；根颈芽数最少的品种为金钱（1.78个）和Bara421(1.89个)，与其他品种形成显著性差异（$P < 0.05$）；其余16个品种的根颈芽数都为2~3个。

不同品种紫花苜蓿的根生物量的范围为1.16~4.99g，WL354HQ和隆冬的根生物量分别为4.99g和4.95g，均显著高于其他18个品种（$P < 0.05$），其次

是阿迪娜和极光，根生物量分别为4.61g和4.16g；根生物量最小的品种为中苜1号，其根生物量仅为1.16g，其次为中天1号（1.51g）和金皇后（1.76g），这3个品种的根生物量均显著小于其他品种（$P<0.05$）。

3. 越冬率与根颈根系的相关性

相关性分析可以反映出两个指标之间的紧密程度，对越冬率与根颈根系的相关性分析结果见表3-19。

表3-19　越冬率与根颈根系相关性分析

	越冬率	主根长	主根直径	根颈芽	根生物量
越冬率	1.000	—	—	—	—
主根长	0.491*	1.000	—	—	—
主根直径	0.601**	0.478*	1.000	—	—
根颈芽	0.420	0.645**	0.412	1.000	—
根生物量	0.370	0.363	0.883**	0.399	1.000

注：**表示极显著相关（$P<0.01$），*表示显著相关（$P<0.05$）。

由表3-19可知，越冬率与主根长呈显著正相关关系（$P<0.05$），相关系数为0.491，这表明其苜蓿主根越长，越冬率就越高；越冬率还与主根直径存在极显著正相关关系（$P<0.01$），相关系数为0.601，说明苜蓿的主根直径越大，其越冬率越高；同时越冬率与根颈芽和根生物量存在正相关关系，相关系数为0.420和0.370，但相关性均不显著。

主根长与主根直径呈显著正相关关系（$P<0.05$），相关系数为0.478，主根长与根颈芽呈极显著正相关关系（$P<0.01$），相关系数为0.645，主根长与根生物量呈正相关关系，相关系数为0.363，相关性不显著。这说明主根长度越长，其主根直径越大，根颈芽就越多，根生物量也相对增大。

主根直径与根生物量呈极显著正相关关系（$P<0.01$），相关系数为0.883，主根直径与根颈芽呈正相关关系，相关系数为0.412，相关性不显著。这表明主根直径越大，其根生物量就越大，且根颈芽数量会相对增加。

根颈芽与根生物量呈正相关关系，相关系数为0.399，相关性不显著。这表明根颈芽增多，其根生物量也相对增加。

四、讨论

越冬率是测定苜蓿抗寒性的重要指标,能够很直观地反映出不同苜蓿品种的抗寒能力(李倩等,2021),也是影响我国北方种植紫花苜蓿生长的关键因子。对比本试验不同品种紫花苜蓿的越冬率可以发现,国产品种隆冬和新牧4号的越冬率为最高,美国品种康赛和擎天柱的越冬率较为突出。调查结果显示,国内品种的越冬情况整体好于国外品种,说明国产品种在越冬能力方面整体优于国外品种,而美国的紫花苜蓿品种的抗寒性整体好于欧洲品种。

在对不同品种紫花苜蓿根颈根系的调查结果中,国内品种隆冬的主根长、主根直径、根生物量均显著高于其他品种,而国外品种WL354HQ的主根直径、根颈芽、根生物显著高于其他品种。隆冬和WL354HQ的越冬率也相对较高,也说明越冬率较高的品种其根颈根系生长相对较好。

对越冬率与根颈根系相关性分析中,越冬率与主根长、主根直径、根颈芽及根生物量均存在正相关关系,说明根系的生长形态是影响紫花苜蓿能否安全越冬的关键。本结果与杨秀芳等(2016)在紫花苜蓿根颈和根系特征初步研究中的结果一致。

五、结论

对越冬率与根颈根系的相关性分析结果表明,紫花苜蓿的主根越长,紫花苜蓿的越冬率越高;主根直径越粗,紫花苜蓿的越冬率也越高。越冬率与根颈芽和根生物量存在正相关关系,但相关性均不显著。

第五节 留茬高度与入冬前灌水对紫花苜蓿越冬率的影响

一、试验地概况

本试验地位于陕西省榆林市现代农业科技示范园区,地理位置为东经109°45′,北纬38°22′,海拔960~1250m,属温带干旱、半干旱大陆性季风气候，年平均气温达到8.6℃，年均降水量为450mm，降水日达76天，降雨大多集中在7~9月，年均无霜期155天，年均光照辐射总量为139.23kg/cm^2，年均日照时数为2815h，晴天多，阴天较少，日照丰富，光能资源充足。此样地土壤为典型的风沙土，比热容高，通透性良好，土壤不易板结，有机质含量为3.59g/kg，pH为8.2。灌溉条件为滴灌。(刘怀华等，2021)试验地地势平坦，地下水位较高，便于灌溉，肥力水平中等，越冬期间调查天气情况参见图3-7。

二、材料与方法

(一) 试验材料

参试20个苜蓿品种，包括国外14个品种，国内6个品种，均由北京百绿国际草业有限公司提供，各品种名称及原产地信息见表3-20。

表3-20　20个供试紫花苜蓿品种概况

编号	品种	英文名称	原产地	编号	品种	英文名称	原产地
1	劳博	Lobo	美国	11	三得利	Sanditi	法国
2	金皇后	Golden Empress	美国	12	阿迪娜	Adina	加拿大
3	康赛	Concept	美国	13	极光	Aurora polaris	加拿大
4	擎天柱	Optimus prime	美国	14	赛迪	Sadie	加拿大
5	金钱	Rhino	美国	15	甘农3号	Gannong No.3	中国
6	WL354HQ	WL354HQ	美国	16	中天1号	Zhongtian No.1	中国
7	SW425	SW425	美国	17	新牧4号	Xingmu No.4	中国
8	SW3211	SW3211	美国	18	隆冬	Longdong	中国
9	Bara421	Bara421	美国	19	敖汉	Aohan	中国
10	Bara416WET	Bara416WET	美国	20	中苜1号	Zhongmu No.1	中国

(二) 试验方法

田间试验采用随机区组设计，于2020年5月28日播种，小区面积为20m^2(4m×5m)，每小区种植12行，行距为20cm，3次重复。采用人工开沟进行条播，播种深度为2cm，播种量为20kg/hm^2，播种后施入基肥氮肥(含N≥43%)，

2020年6月20日出苗后定期进行灌溉、除草等田间管理工作。

（1）2020年10月30日秋末对各品种小区设置刈割处理样方1.5m×1.5m，4个重复，分别设不同刈割留茬高度5cm、10cm、15cm及对照组（不进行刈割），待2021年5月紫花苜蓿均返青后调查其越冬率。

（2）2020年11月2日对不同品种小区设置入冬前灌水处理样方1m²，4个重复，分别设不同灌水量100m³/hm²、150m³/hm²和200m³/hm²及对照组CK（不进行灌水），待2021年5月紫花苜蓿均返青后调查其越冬率。

（3）2021年5月苜蓿在返青基本完成后对入冬前设定好的样方内对不同品种紫花苜蓿的主根直径、主根长、根颈芽、根系生物量等进行测定。

（4）2021年分别在6月、7月、8月对紫花苜蓿进行刈割，每茬选紫花苜蓿长至初花期时进行刈割，全年共刈割3茬，每茬分别测量不同紫花苜蓿品种的株高、茎粗、茎重、叶重、干草产量及营养指标，并计算出叶茎比与干鲜比。

(三) 测定指标与方法

不同刈割处理小区越冬率：于2021年5月，紫花苜蓿均返青期后，在越冬前设置的不同刈割处理样方内，选取其中一行，测定1.5m样段总植株数及返青植株数，3次重复，计算越冬率。

不同灌水处理小区越冬率：于2021年5月，紫花苜蓿均返青期后，在越冬前设置的不同灌水处理样方内，选取其中一行，测定1m样段总植株数及返青植株数，3次重复，计算越冬率。

$$越冬率（\%）=（返青植株数/总植株数）\times 100\%$$

三、结果与分析

不同调控方式下紫花苜蓿的越冬率

1. 不同秋末刈割留茬高度的越冬率

在播种第一年秋末时对20个紫花苜蓿品种分别进行不同刈割留茬高度处理，待第二年返青后，所得越冬率结果见表3-21，在不同刈割留茬处理下，品种间越冬率均具有显著性差异（$P<0.05$）。

留茬高度为5cm时，不同品种的越冬率范围为20%~97.67%，平均越冬率为80.77%，其中金钱（97.67%）、WL354HQ（97.10%）、新牧4号（97.00%）、康赛（96.50%）、甘农3号（95.00%）的越冬率均能达到95%以上，显著高于其他品种（$P<0.05$）。

留茬高度为10cm时，不同品种的越冬率范围为20%~96.67%，平均越冬率为80.39%，其中金钱（96.67%）、康赛（96.60%）、甘农3号（96.60%）、擎天柱（95.67%）、Bara416WET（95.67%）、新牧4号（95.50%）的越冬率均高于95%，与其他形成显著差异（$P<0.05$）；其次WL354HQ、SW3211、阿迪娜、隆冬、敖汉的越冬率能达到90%以上。

留茬高度为15cm时，不同品种的越冬率范围为27.33%~98.00%，平均越冬率为84.49%，其中SW3211（98.00%）、WL354HQ（97.33%）、金钱（97.17%）、阿迪娜（97.17%）、康赛（95.50%）、Bara416WET（95.50%）、中天1号（95.17%）、隆冬（95.00%）的越冬率能达到95%以上，其次还有擎天柱、甘农3号、新牧4号的越冬率能达到90%以上。

在横向对比结果中可以得出，金皇后、WL354HQ、三得利、极光、赛迪、中天1号、敖汉这7个品种在不同刈割留茬处理中具有显著差异（$P<0.05$），其他品种间并无显著差异。

表3-21　不同刈割留茬高度的越冬率对比（%）

序号	品种	留茬5cm	留茬10cm	留茬15cm	CK
1	劳博	72.67 ± 5.84c	73.00 ± 5.51e	87.00 ± 2.08a	81.33 ± 3.38abc
2	金皇后	91.67 ± 3.18Aabc	88.67 ± 5.17Aabcd	85.67 ± 0.33Aa	68.00 ± 8.96Bbc
3	康赛	96.5. ± 1.44a	96.60 ± 0.40a	95.50 ± 1.89a	90.93 ± 2.58ab
4	擎天柱	94.67 ± 2.85a	95.67 ± 1.45ab	90.00 ± 7.02a	92.27 ± 2.68ab
5	金钱	97.67 ± 0.88a	96.67 ± 0.67a	97.17 ± 0.60a	94.67 ± 2.96a
6	WL354HQ	97.1. ± 0.97Aa	90.67 ± 2.91Aabcd	97.33 ± 0.67Aa	77.00 ± 3.46Babc
7	SW425	87.50 ± 8.78abc	71.67 ± 5.36e	86.00 ± 7.55a	87.00 ± 1.15ab
8	SW3211	92.83 ± 4.94ab	92.83 ± 4.44abc	98.00 ± 0.29a	92.33 ± 3.84ab
9	Bara421	39.67 ± 7.69d	34.67 ± 0.88f	53.00 ± 4.16b	46.33 ± 6.33de
10	Bara416WET	91.67 ± 5.84abc	95.67 ± 2.35ab	95.50 ± 2.36a	90.00 ± 6.56ab

续表

序号	品种	留茬5cm	留茬10cm	留茬15cm	CK
11	三得利	84.67 ± 2.6Aabc	83.33 ± 0.88Acd	85.50 ± 5.77Aa	59.00 ± 9.02Bcd
12	阿迪娜	90.5. ± 3.12abc	92.27 ± 3.63abc	97.17 ± 1.30a	95.00 ± 2.08a
13	极光	21.33 ± 0.88Be	31.67 ± 2.40ABf	46.67 ± 9.70Ab	25.33 ± 2.19Bf
14	赛迪	20.00 ± 1.15Ce	20.00 ± 1.73Cg	27.33 ± 0.88Bc	38.33 ± 3.28Aef
15	甘农3号	95.00 ± 1.00a	96.60 ± 1.22a	90.93 ± 6.00a	89.67 ± 2.60ab
16	中天1号	90.67 ± 4.91ABabc	81.67 ± 3.18Ad	95.17 ± 2.09Aa	69.00 ± 5.77Bbc
17	新牧4号	97.00 ± 0.58a	95.50 ± 1.89ab	92.00 ± 4.00a	96.67 ± 1.86a
18	隆冬	92.60 ± 3.30ab	93.10 ± 3.06abc	95.00 ± 2.08a	97.33 ± 1.20a
19	敖汉	88.33 ± 4.91ABabc	91.60 ± 2.12Aabc	85.93 ± 9.97ABa	69.33 ± 5.61Bbc
20	中首1号	73.33 ± 3.18bc	86.00 ± 1.15bcd	88.83 ± 5.13a	78.33 ± 11.35abc

注：结果表示为"平均值 ± 标准误"（$X \pm SME$），同列不同小写字母表示品种间差异达显著水平（$P < 0.05$），同行不同大写字母表示留茬高度间差异达显著水平（$P < 0.05$）。

2. 入冬前不同灌水梯度的越冬率

在播种第一年11月时对20个紫花苜蓿品种分别进行不同的灌水处理，待第二年返青后，所得越冬率结果见表3-22。

表3-22 不同灌水量的越冬率对比（%）

序号	品种	灌水100m³/hm²	灌水150m³/hm²	灌水200m³/hm²	CK
1	劳博	63.33 ± 11.86b	81.67 ± 5.84b	84.67 ± 4.37bc	81.33 ± 3.38abc
2	金皇后	79.67 ± 5.81ab	81.00 ± 8.74b	90.00 ± 6.51abc	68.00 ± 8.96bc
3	康赛	88.00 ± 8.54ab	97.03 ± 0.52a	96.93 ± 0.47a	90.93 ± 2.58ab
4	擎天柱	95.87 ± 1.40a	94.63 ± 3.36ab	95.67 ± 1.20a	92.27 ± 2.68ab
5	金钱	91.87 ± 5.48a	89.80 ± 4.77ab	98.10 ± 0.36a	94.67 ± 2.96a
6	WL354HQ	79.67 ± 6.77ab	90.80 ± 5.00ab	91.33 ± 3.38ab	77.00 ± 3.46abc
7	SW425	81.00 ± 4.93ab	93.67 ± 1.76ab	84.33 ± 6.36bc	87.00 ± 1.15ab
8	SW3211	78.33 ± 2.96Bab	90.00 ± 4.36Aab	85.00 ± 2.08ABbc	92.33 ± 3.84Aab

续表

序号	品种	灌水 100m³/hm²	灌水 150m³/hm²	灌水 200m³/hm²	CK
9	Bara421	38.33 ± 4.81c	45.00 ± 2.65c	42.00 ± 5.20d	46.33 ± 6.33de
10	Bara416WET	90.67 ± 2.19a	89.00 ± 5.51ab	97.80 ± 0.20a	90.00 ± 6.56ab
11	三得利	71.33 ± 7.13ABab	85.67 ± 2.60Aab	80.00 ± 2.08Ac	59.00 ± 9.02Bcd
12	阿迪娜	97.20 ± 1.11a	97.43 ± 0.84a	97.90 ± 0.36a	95.00 ± 2.08a
13	极光	26.67 ± 1.45Bcd	32.67 ± 2.96Bd	43.00 ± 3.79Ad	25.33 ± 2.19Bf
14	赛迪	19.00 ± 1.15Bd	20.67 ± 1.86Bd	34.67 ± 3.84Ad	38.33 ± 3.28Aef
15	甘农3号	86.90 ± 5.59Bab	93.00 ± 0.58ABab	98.07 ± 0.56Aa	89.67 ± 2.60ABab
16	中天1号	87.33 ± 6.69Aab	91.97 ± 4.33Aab	80.67 ± 4.41ABc	69.00 ± 5.77Bbc
17	新牧4号	93.13 ± 3.14a	91.90 ± 4.09ab	89.67 ± 2.96abc	96.67 ± 1.86a
18	隆冬	97.00 ± 0.58a	91.00 ± 7.01ab	96.60 ± 0.80a	97.33 ± 1.20a
19	敖汉	88.47 ± 5.32Aab	92.47 ± 3.38Aab	92.33 ± 0.88Aab	69.33 ± 5.61Bbc
20	中苜1号	79.67 ± 6.33ab	93.80 ± 3.40ab	96.27 ± 1.13a	78.33 ± 11.35abc

注：结果表示为"平均值 ± 标准误"（X ± SME），同列不同小写字母表示品种间差异达显著水平（$P < 0.05$），同行不同大写字母表示留茬高度间差异达显著水平（$P < 0.05$）。

灌水量为100m³/hm²时，不同品种的越冬率范围为19.00%~97.20%，平均越冬率为82.95%，其中阿迪娜（97.20%）、隆冬（97.00%）、擎天柱（95.87%）、新牧4号（93.13%）、金钱（91.87%）、Bara416WET（90.67%）的越冬率均达到90%以上，显著高于其他品种（$P < 0.05$），越冬率最低的品种为赛迪（19.00%），显著低于其他品种（$P < 0.05$）。

灌水量为150m³/hm²时，不同品种的越冬率范围为20.67%~97.43%，平均越冬率为87.13%，其中阿迪娜和康赛的越冬率分别为97.43%和97.03%，显著高于其他品种（$P < 0.05$），其次为擎天柱（94.63%）、中苜1号（93.80%）、SW425（93.67%）、甘农3号（93.00%）、敖汉（92.47%）、中天1号（91.97%）、新牧4号（91.90%）、隆冬（91.00%）、WL354HQ（90.80%）、SW3211（90.00%），这12个品种的越冬率均能达到90%以上，越冬率最低的品种为赛迪（20.67%），显著低于其他品种（$P < 0.05$）。

灌水量为 200m³/hm² 时，不同品种的越冬率范围为 34.67%~98.10%，平均越冬率为 89.41%，其中金钱（98.10%）、甘农 3 号（98.07%）、阿迪娜（97.90%）、Bara416WET（97.80%）、康赛（96.93%）、隆冬（96.60%）、中苜 1 号（96.27%）、擎天柱（95.67%）这 8 个品种的越冬率能达到 95% 以上，显著高于其他品种（$P < 0.05$），其次敖汉（92.33%）、WL354HQ（91.33%）、金皇后（90.00%）的越冬率能达到 90% 以上，越冬率最低的品种为赛迪（34.67%），显著低于其他品种（$P < 0.05$）。

在横向对比结果中可以得出，SW3211、三得利、极光、赛迪、甘农 3 号、中天 1 号、敖汉这 7 个品种在不同灌水处理中具有显著差异（$P < 0.05$），其他品种间并无显著差异。

四、结论

对比紫花苜蓿不同秋末刈割留茬高度的越冬率结果表明：留茬高度为 5cm 时，平均越冬率为 80.77%，越冬率达到 95% 以上的品种有 5 个；留茬高度为 10cm 时，平均越冬率为 80.39%，越冬率达到 95% 以上的品种有 6 个；留茬高度为 15cm 时，平均越冬率为 84.49%，越冬率达到 95% 以上的品种有 8 个；说明在刈割 15cm 时，在本地区紫花苜蓿的越冬返青效果最好。

对比紫花苜蓿入冬前不同灌水梯度的越冬率结果表明：灌水量为 100m³/hm² 时，平均越冬率为 82.95%，越冬率达到 90% 以上的品种有 6 个，其中越冬率达到 95% 以上的品种有 3 个；灌水量为 150m³/hm² 时，平均越冬率为 87.13%，越冬率达到 90% 以上的品种有 12 个，其中越冬率达到 95% 以上的品种有 2 个；灌水量为 200m³/hm² 时，平均越冬率为 89.41%，越冬率达到 90% 以上的品种有 11 个，其中越冬率达到 95% 以上的品种有 8 个。说明灌水量为 200m³/hm² 时，在本地区紫花苜蓿的越冬返青效果最好。

第四章　紫花苜蓿的引种研究

第一节　榆林风沙草滩区不同紫花苜蓿农艺性状的综合评价

一、试验地概况

本试验地位于陕西省榆林市现代农业科技示范园区，北纬38°22′，东经109°45′，海拔960~1 250m，属温带干旱、半干旱大陆性季风气候，年均气温达到8.6℃，年均降水量为450mm，降水日达76天，降雨大多集中在7~9月，年均无霜期155天，年均光照辐射总量为139.23kg/cm²，年均日照时数为2815h，日照丰富，光能资源充足。试验地土壤为风沙土，有机质含量为3.59g/kg，全氮含量为0.36g/kg，碱解氮含量为48.90mg/kg，有效磷含量为13.95mg/kg，速效钾含量为87mg/kg，pH值为8.2，灌溉条件为滴灌。试验地地势平坦，地下水位较高，便于灌溉，肥力水平中等。

二、材料与方法

（一）供试品种

参试20个苜蓿品种，包括国外14个品种，国内6个品种，种子均由北京百绿国际草业有限公司提供，各品种名称及原产地信息见表4-1。

表4-1　20个供试紫花苜蓿品种概况

编号	品种	英文名称	原产地	编号	品种	英文名称	原产地
1	劳博	Laub	美国	2	金皇后	Golden Empress	美国

续表

编号	品种	英文名称	原产地	编号	品种	英文名称	原产地
3	康赛	Concept	美国	12	阿迪娜	Adina	加拿大
4	擎天柱	Optimus prime	美国	13	极光	Aurora polaris	加拿大
5	金钱	Rhino	美国	14	赛迪	Sadie	加拿大
6	WL354HQ	WL354HQ	美国	15	甘农3号	Gannong No.3	中国
7	SW425	SW425	美国	16	中天1号	Zhongtian No.1	中国
8	SW5909	SW5909	美国	17	新牧4号	Xingmu No.4	中国
9	Bara421	Bara421	美国	18	隆冬	Longdong	中国
10	Bara416WET	Bara416WET	美国	19	敖汉	Aohan	中国
11	三得利	Santory	法国	20	中苜1号	Zhongmu No.1	中国

（二）试验设计

试验采取随机区组设计，小区面积为 20m^2（4m×5m），3次重复，采用人工条播，行距为20cm，每个小区种植12行。供试苜蓿品种于2020年5月28日播种，播种量为20kg/hm^2，播种深度为2cm。2020年6月20日出苗后定期进行灌溉、除草等田间管理工作。在紫花苜蓿关键生育期，即拔节期（7月4日）、分枝期（7月18日）、初花期（8月3日）和盛花期（9月3日）分别调查及测量相关生长指标，在2021年返青后（4月20日）测量不同品种的越冬率。

（三）测定指标与方法

（1）株高：分别在紫花苜蓿的拔节期、分枝期、初花期和盛花期调查不同紫花苜蓿品种的株高，每个小区随机选取15株，每5株为1个重复，3次重复，测量从地面至植株最高部位的绝对高度，求其平均值。

（2）生长速度：随机选取已测的15株植株高度，计算生长期内平均生长速度。

$$生长速度 = 植株生长高度 / 生长天数$$

（3）产量：在紫花苜蓿初花期每个小区随机选取1m×1m样方刈割，留茬高度3cm，3次重复，称量鲜草产量，并将样品带回实验室，首先使用105℃高温在烘箱中进行杀青处理，时间为30min，随后降温至80℃进行完全烘干至恒重，然后使用电子秤称量干草产量。

（4）干鲜比：根据测量后的鲜草产量与干草产量计算干鲜比。

（5）茎粗：初花期每个小区随机取15株，用枝剪齐地剪取后在距离根部1cm处，用游标卡尺进行测量，3次重复。

（6）叶茎比：初花期选取不同品种生长适中的5株植株齐地剪取，3次重复，带回实验室人工分离叶、茎，分别烘干至恒重后称取叶、茎重量后计算叶茎比，取其平均值。

（7）叶绿素含量：用SPAD-502型叶绿素计（购自上海点将科技股份有限公司）选取植株顶端第2张完全展开叶片中任意一叶进行测定，每个品种重复9次，取其平均值。

（8）越冬率：苜蓿返青期，在每个小区中间地段随机选取样段1m测定样段总植株数及返青植株数，3次重复，分别统计存活株数和死亡株数。

$$总植株数 = 死亡植株数 + 存活植株数$$

$$越冬率（\%）= 存活植株数 / 总植株数 \times 100\%$$

(四) 综合评价

选择鲜草产量、干草产量、株高、茎粗、叶茎比、干鲜比、生长速度、叶绿素含量、越冬率9项测定指标，采用灰色系统分析中的灰色关联方法和模糊数学中的权重决策法进行各项指标的权重比较，以此为基础构建苜蓿综合评价模型。

1. 灰色关联度分析

将上述测定的9个性状指标进行灰色关联度分析，参试品种以 X 表示，性状以 k 表示，各参试品种 X 在性状 k 处的值构成比较数列 X_i，X_0 取每个指标的最优值作为参考数列。根据式（4-1）~ 式（4-3），求出等权关联度 γ_i。

绝对离差：$$\Delta_i(k) = |X_0(k) - X_i(k)| \quad (4-1)$$

关联系数：$$\varepsilon_i(k) = \frac{\min_i \min_k \Delta_i(k) + \rho \max_i \max_k \Delta_i(k)}{\Delta_i(k) + \rho \max_i \max_k \Delta_i(k)} \quad (4-2)$$

等权关联度：$$(\gamma_i) = \frac{1}{n}\sum_{k=1}^{n}\varepsilon_i(k) \quad (4-3)$$

式中：$\varepsilon_i(k)$ 是 X_0 和 X_i 的关联系数，$\Delta_i(k)$ 表示 X_0 数列与 X_i 数列在 k 点的绝

对差值，$min_i\,min_k\,\Delta_i(k)$ 为二级最小差值，$max_i\,max_k\,\Delta_i(k)$ 为二级最大差值；ρ 为分辨率系数，试验中取 0.5，视为同等重要。然后运用灰色系统关联度理论的权重决策法 (张云玲等，2019)，根据公式 (4-4) 对关联系数各指标赋权重，之后根据公式 (4-5) 计算出加权关联度 γ'_i (张则宇等，2020)。

权重系数：
$$(\omega_i) = \frac{\gamma_i}{\sum \gamma_i} i \quad (4-4)$$

加权关联度：
$$\gamma'_i = \sum_{i=1}^{n} \omega_i(k)\varepsilon_i(k) \quad (4-5)$$

根据关联度分析原则，关联度越大，其综合性状评价表现越优；关联度越小，表明参试材料越远离参考组合，综合性状表现越差 (李倩等，2021)。

2. 隶属函数分析

用模糊数学隶属函数法 (李倩等，2021)，将 20 个参试苜蓿品种的 9 个指标 (鲜草产量、干草产量、株高、茎粗、茎叶比、鲜干比、生长速度、叶绿素含量、越冬率) 进行综合评价，求苜蓿各指标隶属函数值，见式 (4-6) 与式 (4-7)。

$$F_{ij} = [X_{ij} - X_{i\min}] / [X_{i\max} - X_{i\min}] \quad (4-6)$$

$$F_{ij} = 1 - [X_{ij} - X_{i\min}] / [X_{i\max} - X_{i\min}] \quad (4-7)$$

式中：F_{ij} 为 i 草种 j 指标值的隶属函数值；X_{ij} 为鉴定 i 草种 j 指标的测定值；$X_{i\max}$、$X_{i\min}$ 为所鉴定 i 草种 j 指标最大值和最小值。当某一性状指标与苜蓿高产正相关时用式 (4-6) 计算，反之用式 (4-7) 计算。

权重计算见式 (4-8)。

$$W_i = \frac{p_i}{\sum_{i=1}^{n} \pi i} \quad (4-8)$$

式中：W_i 表示第 i 个指标在所有指标中的贡献，P_i 为各品种第 i 个指标的标准差系数。最后根据公式 (4-9) 计算 20 个紫花苜蓿品种的综合评价 D 值；对 D 值进行排序，D 值越大则该苜蓿品种的综合生产性能越强 (杨青川等，2004)。

综合指标：
$$D = \sum_{i=1}^{n} [F_{ij} \times W_i] \quad (4-9)$$

(五)数据的统计分析

利用 Microsoft Excel 2010 对试验数据进行归纳整理、制作图表，采用 SPSS 19.0 软件进行方差分析，结果以"平均值 ± 标准误"表示，$P < 0.05$ 表示差异显著。

三、结果与分析

(一)不同生育期株高与生长速度对比

试验对不同品种紫花苜蓿各生育期株高动态变化的调查结果见图 4-1。不同品种紫花苜蓿各生育期株高及生长速度见表 4-2。

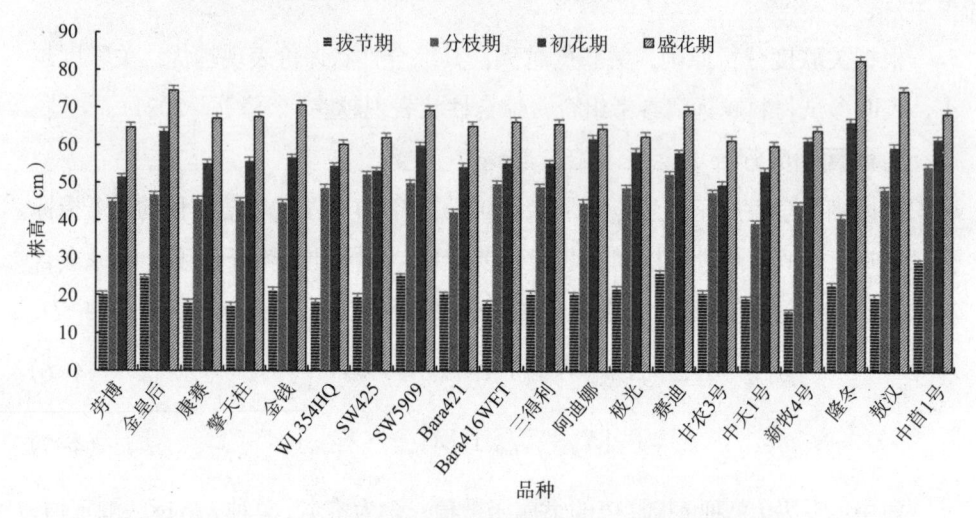

图 4-1 不同品种紫花苜蓿在不同生育期株高的动态变化

由图 4-1 可知，中苜 1 号、隆冬、金皇后、赛迪、SW5909 在各生育期株高均相对较高；新牧 4 号、敖汉、擎天柱、康赛在拔节期株高相对较低，后期有明显增高的趋势；极光、三得利、SW425、WL354HQ、甘农 3 号在分枝期株高相对较高，后期长势逐渐变弱。

表 4-2 不同品种紫花苜蓿各生育期的株高与生长速度

序号	品种	株高（cm）				生长速度（cm/天）
		拔节期	分枝期	初花期	盛花期	
1	劳博	20.15efg ± 0.28	44.85bcd ± 1.69	51.30ef ± 1.51	64.54b ± 0.32	1.04de ± 0.06
2	金皇后	24.65bcd ± 1.34	46.66abcd ± 3.04	63.61ab ± 2.29	74.51ab ± 4.62	1.30abcd ± 0.11

续表

序号	品种	株高(cm) 拔节期	分枝期	初花期	盛花期	生长速度 (cm/天)
3	康赛	18.11fg ± 0.81	45.53bcd ± 1.77	55.08cdef ± 1.42	67.05ab ± 0.63	1.23bcde ± 0.06
4	擎天柱	17.27fg ± 1.39	45.10bcd ± 2.72	55.65cdef ± 1.00	67.49ab ± 5.29	1.28abcd ± 0.08
5	金钱	21.33def ± 0.17	44.60bcd ± 0.50	56.57bcdef ± 1.14	70.67ab ± 3.57	1.17bcde ± 0.04
6	WL354HQ	18.26fg ± 0.34	48.61abc ± 1.04	54.33cdef ± 0.08	60.07b ± 3.51	1.20bcde ± 0.01
7	SW425	19.67efg ± 0.54	52.13ab ± 1.55	53.12def ± 0.97	61.95b ± 3.34	1.11cde ± 0.05
8	SW5909	25.07bc ± 0.89	49.95abc ± 3.08	59.88abcd ± 0.96	69.17ab ± 0.97	1.16bcde ± 0.06
9	Bara421	20.23efg ± 0.21	42.22cd ± 2.07	54.28cdef ± 0.60	64.93b ± 2.60	1.13cde ± 0.01
10	Bara416WET	17.85fg ± 1.69	49.80abc ± 1.21	55.32cdef ± 0.94	66.31ab ± 3.19	1.25abcde ± 0.04
11	三得利	20.51ef ± 0.95	48.97abc ± 0.84	55.17cdef ± 0.23	65.60b ± 2.02	1.16bcde ± 0.03
12	阿迪娜	20.21efg ± 0.72	44.75bcd ± 2.00	61.77abc ± 0.22	64.40b ± 1.86	1.38abc ± 0.03
13	极光	21.72cdef ± 0.82	48.73abc ± 0.90	58.28bcde ± 2.07	62.29b ± 3.17	1.22bcde ± 0.10
14	赛迪	26.11b ± 0.16	52.30ab ± 1.60	57.99bcde ± 2.14	69.23ab ± 2.45	1.06de ± 0.07
15	甘农3号	20.76ef ± 0.38	47.52abcd ± 1.05	49.59f ± 1.98	61.36b ± 2.18	0.96e ± 0.06
16	中天1号	19.23efg ± 0.44	39.33cd ± 1.78	53.22def ± 2.54	59.86b ± 3.79	1.13cde ± 0.09
17	新牧4号	15.80g ± 0.36	44.30bcd ± 1.25	61.30abcd ± 2.51	63.92b ± 1.84	1.51a ± 0.08
18	隆冬	22.81bcde ± 0.77	40.89cd ± 1.05	66.31a ± 2.44	82.62a ± 7.96	1.45ab ± 0.06
19	敖汉	19.67efg ± 0.53	48.34abc ± 1.93	59.50abcd ± 0.29	74.56ab ± 2.52	1.33abcd ± 0.02
20	中苜1号	28.91a ± 2.19	54.49a ± 2.34	61.66abc ± 2.48	68.51ab ± 4.67	1.09cde ± 0.03

注：同列数据含相同小写字母表示差异不显著（$P > 0.05$），小写字母完全不同表示差异显著（$P < 0.05$）。

由表4-2可知，拔节期的株高为15.8~28.91cm，分枝期的株高为39.33~54.49cm，初花期的株高为49.59~66.31cm，盛花期的株高为59.86~82.62cm。中苜1号在拔节期和分枝期时的株高分别为28.91cm、54.49cm，均显著高于其他品种（$P < 0.05$），而隆冬则在初花期和盛花期时的株高显著高于其他品种（$P < 0.05$），分别为66.31cm、82.62cm。生长速度最快的品种是新牧4号，为1.51cm/天，然后依次是隆冬和阿迪娜，生长速度分别为1.45cm/天、1.38cm/天；

生长速度最慢的品种是甘农3号,其生长速度为0.96cm/天,显著低于其他品种($P<0.05$)。

(二)不同品种紫花苜蓿产量及干鲜比

在初花期对不同紫花苜蓿品种进行刈割,测量其产量并计算干鲜比,结果见表4-3。

表4-3 不同品种紫花苜蓿的产量与干鲜比

序号	品种	鲜草产量(kg/hm^2)	干草产量(kg/hm^2)	干鲜比
1	劳博	19 444.44cdef ± 1 001.54	5 893.89ab ± 234.28	0.30ab ± 0.01
2	金皇后	26 111.11bcde ± 1 469.86	6 514.45ab ± 376.03	0.25abcde ± 0.01
3	康赛	34 444.44a ± 3 859.01	7 327.22a ± 855.36	0.21e ± 0.01
4	擎天柱	22 777.78bcdef ± 1 388.89	5 613.89ab ± 551.06	0.25abcde ± 0.01
5	金钱	22 222.22bcdef ± 1 111.11	5 222.78b ± 445.19	0.24cde ± 0.01
6	WL354HQ	18 333.33def ± 1 734.72	5 395.56ab ± 726.22	0.29abc ± 0.02
7	SW425	17 222.22f ± 1 689.66	5 292.78ab ± 505.00	0.31a ± 0.01
8	SW5909	21 111.11bcdef ± 3 055.56	5 098.33b ± 701.91	0.24bcde ± 0.01
9	Bara421	20 277.78bcdef ± 4 203.54	6 181.11ab ± 1 306.30	0.30ab ± 0.02
10	Bara416WET	20 277.78bcdef ± 2 900.09	5 691.67ab ± 761.28	0.28abcd ± 0.01
11	三得利	19 166.67def ± 1 272.94	5 305.56ab ± 416.98	0.28abcd ± 0.01
12	阿迪娜	27 500.00abc ± 1 734.72	6 280.56ab ± 574.08	0.23de ± 0.01
13	极光	18 055.56ef ± 555.56	4 460.00b ± 104.93	0.25abcde ± 0.01
14	赛迪	16 388.89f ± 1 111.11	4 537.78b ± 280.51	0.28abcd ± 0.01
15	甘农3号	26 111.11bcde ± 3 093.20	6 375.56ab ± 404.17	0.24abcde ± 0.02
16	中天1号	19 722.22bcdef ± 1 689.66	5 817.22ab ± 104.17	0.29ab ± 0.03
17	新牧4号	26 388.89bcd ± 555.56	6 371.67ab ± 63.38	0.24bcde ± 0.01
18	隆冬	27 777.78ab ± 2 222.22	6 351.11ab ± 418.12	0.23de ± 0.01
19	敖汉	24 166.67bcdef ± 4 194.35	5 938.33ab ± 1 124.51	0.25abcde ± 0.01
20	中苜1号	24 166.67bcdef ± 2 886.75	5 067.78b ± 405.86	0.21e ± 0.01

注:同列数据肩标含相同小写字母表示差异不显著($P>0.05$),小写字母完全不同表示差异显著($P<0.05$)。

由表4-3可知：不同品种紫花苜蓿间的鲜草产量、干草产量与干鲜比均有明显差异，鲜草产量与干草产量最高的品种均为康赛，分别达34 444.44kg/hm^{2}与7 327.22kg/hm^2；鲜草产量最低的品种是赛迪（16 388.89kg/hm^2），干草产量最低的品种是极光（4 460.00kg/hm^2），鲜草产量最高值与最低值之间差异极显著（$P<0.01$）；干草产量最高与最低之间有显著差异（$P<0.05$），相差值为2 867.22kg/hm^2。SW425干鲜比最大，为0.31，中苜1号与康赛干鲜比最小，为0.21，差异显著（$P<0.05$）。

（三）不同品种紫花苜蓿茎粗、叶茎比及叶绿素含量与比较

初花期不同品种紫花苜蓿的茎粗、叶茎比及叶绿素含量结果见表4-4。

表4-4 不同品种紫花苜蓿的茎粗、叶茎比及叶绿素含量

序号	品种	茎粗（mm）	叶茎比	叶绿素含量（SPAD）
1	劳博	2.12abcd ± 0.08	0.66abc ± 0.03	53.76bc ± 1.26
2	金皇后	2.53ab ± 0.16	0.67abc ± 0.03	57.34bc ± 1.34
3	康赛	1.98bcde ± 0.05	0.78abc ± 0.01	54.95bc ± 2.24
4	擎天柱	2.19abcd ± 0.05	0.87a ± 0.14	52.79bc ± 1.06
5	金钱	1.84cde ± 0.09	0.68abc ± 0.06	59.01abc ± 1.04
6	WL354HQ	1.98bcde ± 0.10	0.64abc ± 0.01	55.54bc ± 0.13
7	SW425	2.17abcd ± 0.06	0.65abc ± 0.03	64.48a ± 1.24
8	SW5909	2.24abcd ± 0.12	0.62abc ± 0.02	57.23bc ± 2.07
9	Bara421	2.32abc ± 0.05	0.78ab ± 0.03	52.43c ± 1.07
10	Bara416WET	2.03abcd ± 0.05	0.70abc ± 0.02	56.09bc ± 1.81
11	三得利	2.04abcd ± 0.09	0.61abc ± 0.05	60.07ab ± 1.13
12	阿迪娜	2.26abcd ± 0.11	0.71abc ± 0.11	56.89bc ± 1.11
13	极光	2.51ab ± 0.23	0.73abc ± 0.02	55.46bc ± 2.31
14	赛迪	2.10abcd ± 0.08	0.71abc ± 0.02	58.48abc ± 1.54
15	甘农3号	1.56e ± 0.09	0.55bc ± 0.05	52.14c ± 1.05
16	中天1号	2.55a ± 0.10	0.80ab ± 0.02	55.48bc ± 0.92

续表

序号	品种	茎粗（mm）	叶茎比	叶绿素含量（SPAD）
17	新牧4号	2.09abcd ± 0.11	0.72abc ± 0.04	58.80abc ± 1.22
18	隆冬	2.18abcd ± 0.18	0.55bc ± 0.06	52.54c ± 2.10
19	敖汉	2.08abcd ± 0.07	0.53c ± 0.01	55.76bc ± 0.71
20	中苜1号	1.75de ± 0.09	0.57bc ± 0.02	55.62bc ± 0.92

注：同列数据肩标含相同小写字母表示差异不显著（$P > 0.05$），小写字母完全不同表示差异显著（$P < 0.05$）。

由表4-4可知：不同品种之间茎粗、叶茎比及叶绿素含量均具有明显差异，初花期的茎粗在1.56~2.55mm，其中，中天1号茎粗最大，为2.55mm；甘农3号茎粗最小，为1.56mm，差异显著（$P < 0.05$）。叶茎比擎天柱最高（0.87），敖汉最低（0.53），差异显著（$P < 0.05$）。叶绿素含量SW425最高，为64.48SPAD；甘农3号与隆冬最低，分别为52.14SPAD、52.54SPAD，差异显著（$P < 0.05$）。

(四) 不同品种紫花苜蓿的越冬率

结果见图4-2。

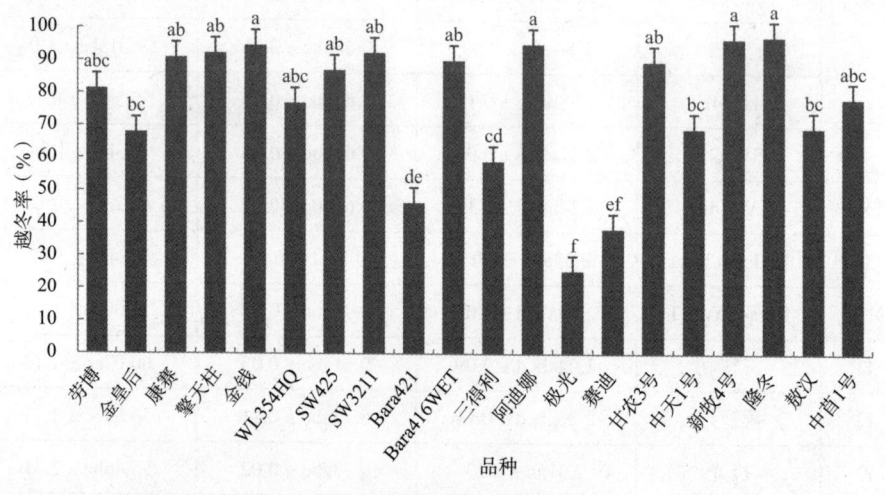

图4-2 不同品种紫花苜蓿的越冬率

由图4-2可知，不同品种紫花苜蓿的越冬率为25.33%~97.33%。其中越冬率高于90%的品种有8个品种，分别是隆冬（97.33%）、新牧4号（96.67%）、阿迪娜（95.00%）、金钱（94.67%）、SW3211（92.33%）、擎天柱（92.27%）、康赛（90.93%）、Bara416WET（90.00%）。其余紫花苜蓿品种的越冬率均低于90%，极光、赛迪和Bara421的越冬率均未达到50%，分别为25.33%、38.33%和46.33%，均显著低于其他品种（$P < 0.05$）。

（五）灰色关联度分析

1. 关联系数与权重

以鲜草产量（K_1）、干草产量（K_2）、株高（K_3）、茎粗（K_4）、叶茎比（K_5）、干鲜比（K_6）、生长速度（K_7）、叶绿素含量（K_8）、越冬率（K_9）9个农艺性状为因素进行灰色系统分析，采用均值法，对原始数据无量纲化处理后计算绝对差值，所得结果最小绝对差值为0、最大绝对差值为0.985 9，再根据关联系数分别计算等权关联度和各指标对应的权重系数，结果见表4-5。

表4-5　不同品种紫花苜蓿的关联系数、及各指标对应的等权关联度和权重系数

序号	K_1	K_2	K_3	K_4	K_5	K_6	K_7	K_8	K_9
1	0.426 0	0.663 7	0.652 6	0.709 1	0.510 4	0.927 2	0.558 9	0.620 4	0.692 3
2	0.571 9	0.776 9	0.912 6	0.981 3	0.625 2	0.679 9	0.739 4	0.710 5	0.551 1
3	1.000 0	1.000 0	0.715 2	0.647 7	1.000 0	0.560 4	0.680 2	0.647 7	0.878 0
4	0.488 3	0.622 8	0.725 7	0.744 4	0.662 4	0.679 9	0.721 4	0.599 9	0.907 8
5	0.476 7	0.573 4	0.743 3	0.596 2	0.826 6	0.645 5	0.636 5	0.762 2	0.931 1
6	0.408 7	0.594 2	0.701 9	0.647 7	0.689 8	0.864 5	0.657 7	0.662 2	0.639 1
7	0.392 6	0.581 6	0.681 3	0.734 0	0.613 6	1.000 0	0.598 2	1.000 0	0.777 0
8	0.455 0	0.559 3	0.814 3	0.771 8	0.495 2	0.645 5	0.629 9	0.707 3	0.878 0
9	0.440 1	0.711 6	0.701 0	0.820 2	0.602 5	0.927 2	0.610 5	0.592 5	0.413 8
10	0.440 1	0.633 6	0.719 8	0.668 4	0.675 8	0.809 5	0.696 1	0.676 3	0.830 8
11	0.421 5	0.583 2	0.716 9	0.672 7	0.787 5	0.809 5	0.629 9	0.799 0	0.484 3
12	0.615 9	0.729 9	0.861 4	0.783 3	0.526 5	0.614 5	0.820 8	0.697 8	0.939 2
13	0.404 5	0.496 6	0.778 3	0.963 3	0.675 8	0.679 9	0.672 5	0.660 1	0.333 4
14	0.381 4	0.503 5	0.772 2	0.699 7	0.704 4	0.809 5	0.569 6	0.744 9	0.379 0

续表

序号	K_1	K_2	K_3	K_4	K_5	K_6	K_7	K_8	K_9
15	0.571 9	0.748 2	0.627 8	0.514 3	0.571 6	0.645 5	0.519 9	0.586 8	0.824 6
16	0.430 6	0.651 9	0.683 0	1.000 0	0.787 5	0.864 5	0.610 5	0.660 7	0.559 6
17	0.580 2	0.747 5	0.849 1	0.695 1	0.562 0	0.645 5	1.000 0	0.755 2	0.981 9
18	0.625 5	0.743 5	1.000 0	0.739 1	0.637 1	0.614 3	0.908 4	0.594 8	1.000 0
19	0.520 0	0.670 7	0.805 6	0.690 5	0.591 8	0.679 9	0.767 9	0.667 7	0.562 5
20	0.520 0	0.555 9	0.858 4	0.567 1	0.510 4	0.560 4	0.586 4	0.664 1	0.654 5
等权关联度	0.508 5	0.657 4	0.766 0	0.732 3	0.652 8	0.733 1	0.680 7	0.690 5	0.710 9
权重系数	0.082 9	0.107 2	0.124 9	0.119 4	0.106 5	0.119 6	0.111 0	0.112 6	0.115 9

由表4-5可知，各评价指标所占的权重顺序为株高＞干鲜比＞茎粗＞越冬率＞叶绿素含量＞生长速度＞干草产量＞叶茎比＞鲜草产量。

2. 关联度

加权关联度反映不同苜蓿品种与最优指标集的差异大小，关联度越大，表明该品种与最优指标集的相似程度越高，反之则相似程度越低。根据权重系数可构建苜蓿品种综合评价模型，运用加权关联度公式计算各品种的加权关联度，结果见表4-6。

表4-6 不同品种紫花苜蓿的等权关联度、加权关联度及排名

序号	品种	等权关联度	排名	加权关联度	排名
1	劳博	0.640 1	16	0.650 0	16
2	金皇后	0.727 6	5	0.735 7	5
3	康赛	0.792 1	1	0.780 5	1
4	擎天柱	0.683 6	9	0.691 5	10
5	金钱	0.687 9	8	0.694 6	8
6	WL354HQ	0.651 7	14	0.661 1	14
7	SW425	0.708 7	6	0.721 6	6
8	SW5909	0.661 8	11	0.672 8	11

续表

序号	品种	等权关联度	排名	加权关联度	排名
9	Bara421	0.646 6	15	0.655 8	15
10	Bara416WET	0.683 4	10	0.692 6	9
11	三得利	0.656 1	13	0.664 0	13
12	阿迪娜	0.732 1	4	0.738 5	4
13	极光	0.629 4	17	0.639 9	17
14	赛迪	0.618 2	19	0.628 5	18
15	甘农3号	0.623 4	18	0.624 9	19
16	中天1号	0.694 3	7	0.704 6	7
17	新牧4号	0.757 4	3	0.764 2	3
18	隆冬	0.762 5	2	0.769 7	2
19	敖汉	0.661 8	12	0.668 0	12
20	中苜1号	0.608 6	20	0.614 7	20

由表4-6可知，加权关联度值排名由高到低依次为：康赛＞隆冬＞新牧4号＞阿迪娜＞金皇后＞SW425＞中天1号＞金钱＞Bara416WET＞擎天柱＞SW5909＞敖汉＞三得利＞WL354HQ＞Bara421＞劳博＞极光＞赛迪＞甘农3号＞中苜1号；加权关联度值≥0.700的品种有康赛、隆冬、新牧4号、阿迪娜、金皇后、SW425、中天1号。等权关联分析结果和加权关联分析结果基本一致。

(六) 隶属函数分析

采用模糊数学隶属函数法计算紫花苜蓿各指标隶属函数值，结果见表4-7。

表4-7 不同品种紫花苜蓿隶属函数值与综合评价 D 值及排序

品种	鲜草产量	干草产量	株高	茎粗	叶茎比	干鲜比	生长速度	叶绿素含量	越冬率	D值	排名
劳博	0.023 5	0.053 3	0.011 1	0.047 6	0.007 0	0.107 6	0.015 5	0.018 4	0.060 0	0.344 0	18
金皇后	0.074 8	0.076 3	0.090 9	0.082 4	0.048 8	0.047 8	0.066 0	0.059 0	0.045 8	0.591 8	1
康赛	0.139 0	0.106 5	0.035 6	0.035 7	0.118 5	0.000 0	0.052 4	0.031 9	0.071 8	0.591 4	3

续表

品种	鲜草产量	干草产量	株高	茎粗	叶茎比	干鲜比	生长速度	叶绿素含量	越冬率	D值	排名
擎天柱	0.049 2	0.042 9	0.039 3	0.053 5	0.059 3	0.047 8	0.062 1	0.007 4	0.073 3	0.434 7	12
金钱	0.044 9	0.028 3	0.045 3	0.023 8	0.094 1	0.035 9	0.040 7	0.078 0	0.074 3	0.465 4	11
WL354HQ	0.015 0	0.034 7	0.030 7	0.035 7	0.066 2	0.095 7	0.046 6	0.038 6	0.055 4	0.418 6	13
SW425	0.006 4	0.030 9	0.022 9	0.051 8	0.045 3	0.119 2	0.029 1	0.140 1	0.066 1	0.512 3	6
SW5909	0.036 4	0.023 7	0.066 7	0.057 6	0.000 0	0.035 9	0.038 8	0.057 8	0.071 8	0.388 9	15
Bara421	0.029 9	0.063 9	0.030 4	0.064 6	0.041 8	0.107 6	0.033 0	0.003 3	0.022 5	0.397 1	14
Bara416WET	0.029 9	0.045 7	0.037 2	0.039 9	0.062 7	0.083 7	0.056 3	0.044 8	0.069 3	0.469 7	8
三得利	0.021 4	0.031 4	0.036 2	0.040 8	0.087 1	0.083 7	0.038 8	0.090 0	0.036 1	0.465 5	10
阿迪娜	0.085 5	0.067 6	0.079 0	0.059 5	0.013 9	0.023 9	0.081 5	0.053 9	0.074 7	0.539 6	5
极光	0.012 8	0.000 0	0.056 3	0.080 7	0.062 7	0.047 8	0.050 4	0.037 7	0.000 0	0.348 6	17
赛迪	0.000 0	0.002 9	0.054 5	0.045 9	0.069 7	0.083 7	0.019 4	0.072 0	0.013 9	0.362 0	16
甘农3号	0.074 8	0.071 2	0.000 0	0.000 0	0.031 4	0.035 9	0.000 0	0.000 0	0.069 0	0.282 2	20
中天1号	0.025 7	0.050 2	0.023 5	0.084 1	0.087 1	0.095 7	0.033 0	0.037 9	0.046 8	0.484 2	7
新牧4号	0.077 0	0.071 0	0.075 9	0.045 0	0.027 9	0.035 9	0.106 7	0.075 6	0.076 5	0.591 5	2
隆冬	0.087 7	0.070 2	0.108 4	0.052 7	0.052 3	0.023 9	0.095 1	0.004 5	0.077 2	0.572 0	4
敖汉	0.059 9	0.054 9	0.064 2	0.044 2	0.038 3	0.047 8	0.071 8	0.041 1	0.047 2	0.469 4	9
中苜1号	0.059 9	0.022 6	0.078 3	0.016 1	0.007 0	0.000 0	0.025 2	0.039 5	0.056 8	0.305 4	19

由表4-7可知，根据 D 值由大到小排列结果为：金皇后＞新牧4号＞康赛＞隆冬＞阿迪娜＞SW425＞中天1号＞Bara416WET＞敖汉＞三得利＞金钱＞擎天柱＞WL354HQ＞Bara421＞SW5909＞赛迪＞极光＞劳博＞中苜1号＞甘农3号。D 值越大，说明综合生产性能越好。$D＞0.5$ 的品种有金皇后、新牧4号、康赛、隆冬、阿迪娜、SW425。

四、讨论

植株生长高度是描述牧草生长状况，反映其产量高低较为理想的一个特征量。它既是衡量其生长发育状况的重要标准，也是反映草地生产能力的生产指标。不同生育期的株高对比可以直观反映出苜蓿在生育期内的动态生长过程。（黄新善等，2002）本研究中在对不同生育期的株高调查中发现，苜蓿在拔节期至分枝期时，普遍长势较快，而进入初花期和盛花期后株高增长速度明显减慢。王丽学等（2018）在对不同刈割时期紫花苜蓿品质研究中发现，紫花苜蓿现蕾期和初花期具有较高的粗蛋白质和较低的中性洗涤纤维、酸性洗涤纤维含量，其相对饲喂价值显著高于盛花期，说明紫花苜蓿较适宜在现蕾期或初花期进行刈割。而在品种之间的对比中发现，有些品种（极光、甘农3号、三得利等）前期长势及变化较大，而后期长势不足；也有些品种（敖汉、金钱、阿迪娜、康赛、擎天柱等）在前期表现一般，后期却长势较快，这可能与其品种的秋眠级与越冬率有关。

本研究采用两种主要分析方法对苜蓿品种的多个测定指标进行系统性分析，避免了单个分析方法与单一指标评价结果的片面性。（伏兵哲等，2015）灰色关联度综合评价中指标间的权重系数排名与梁晓等（2017）的研究结果基本一致，隶属函数分析结果与灰色关联度分析结果中发现排名靠前的品种与排名靠后的品种有略微变化，但整体具有一定相似性，均能说明两种分析方法中排名靠前的品种综合性能优于排名靠后的品种，而结合多种方法的分析结果也更具有参考价值。紫花苜蓿的抗病性、抗逆性、营养品质等也是影响紫花苜蓿生产性能的关键性因子。本试验只是评价不同品种紫花苜蓿在不同生育期的动态生长过程及各农艺性状之间的差异，未将紫花苜蓿各品种在试验地区的抗病性、抗逆性及营养价值等因子纳入评价中，而这些因子同样是影响苜蓿品种综合生产性能的关键因子，对此将在后续试验中进行深入研究并给予灰色关联度分析。

五、结论

本研究对比了不同紫花苜蓿株高生育期动态变化及生长速度、产量、叶茎比、叶绿素含量及越冬率等，共选取了9个主要农艺性状指标作为综合评价因子，结合灰色关联度分析与隶属函数分析对20个不同品种紫花苜蓿进行综合评价，结果表明，康赛、金皇后、新牧4号、隆冬、阿迪娜、SW425这6个品种在灰色关联度分析中加权关联度均＞0.7，且在隶属函数分析中综合 D 值均＞0.5，其中康赛的鲜草产量和干草产量最高；金皇后在各生育期株高均相对较高；新牧 4 号、隆冬、阿迪娜、金钱的越冬率均在 90% 以上；SW425 的干鲜比与叶绿素含量均显著高于其他品种（$P<0.05$）。综上所述，康赛、金皇后、新牧 4 号、隆冬、阿迪娜、SW425 这 6 个紫花苜蓿品种均能适应榆林风沙草滩区的气候条件，适宜推广种植。

第二节　14 个紫花苜蓿品种在农牧交错区的生长特征及品质

一、材料与方法

（一）试验地概况

试验地位于陕西省榆林市现代农业科技示范园区，东经 109°73′，北纬 38°27′，属温带干旱、半干旱大陆性季风气候，年平均气温为 8.6℃，年均降水量为 400mm，降水日达 76 天，大多降雨集中在 7~9 月，海拔 960~1 250m，无霜期 155 天，年均光照辐射总量为 139.23kJ/cm^2，年均日照时数为 2 815h，晴天多，阴天少，日照丰富，光能资源充足。试验土壤为风沙土，有机质含量为 3.59g/kg，pH 为 8.2。

（二）试验材料

试验选用的 14 个紫花苜蓿品种均是国内外优良品种，所有供试种子来自北京中畜东方草业科技有限公司，苜蓿名称及其原产地等信息详见表 4-8。

表 4-8　14 个参试苜蓿品种概况

编号	品种	原产地	秋眠级	编号	品种	原产地	秋眠级
1	42IQ	美国	4	4	敖汉	中国	2
2	阿尔冈金	加拿大	2	5	中苜 1 号	中国	3-4
3	皇后	美国	2	6	甘农 3 号	中国	未知

续表

编号	品种	原产地	秋眠级	编号	品种	原产地	秋眠级
7	三得利	荷兰	5	11	WL319HQ	美国	2.8
8	驯鹿	加拿大	1	12	陕北苜蓿	中国	2
9	劳博	美国	6	13	WL323	美国	4
10	金皇后	美国	2-3	14	中草5号	中国	3

(三) 试验设计

田间试验采用随机区组设计，于2015年4月25日播种，小区面积为3m×5m，每小区种植10行，行距为30cm，3次重复。采用人工开沟进行条播，播种深度为2cm，播种量13kg/hm²。2015年5月20日出苗后定期进行施肥、灌溉、除草等田间管理工作。

(四) 测定指标与方法

紫花苜蓿关键生育期，即分枝期(7月11日)、现蕾期(8月10日)、开花期(9月10日)和结实期(10月7日)分别选取各品种生长适中的10株个体，用钢尺测量其株高并做好记录。在开花期采用同样方法进行生物量采集，每个品种3次重复，将刈割后的苜蓿鲜草装袋称量，并贴好标签带回实验室，于烘箱中120℃下杀青20min，然后60℃下烘至恒量测定其干草质量。

所有样品经过粉碎后进行营养品质测定，主要测定的指标有粗蛋白(CP)、粗纤维(CF)、粗脂肪(EE)、中性洗涤纤维(NDF)、酸性洗涤纤维(ADF)、粗灰分、吸附水和木质素，以上营养指标均由青岛谱尼测试有限公司进行测定，并出具相应可靠真实的数据化验报告。

其中，粗蛋白测定采用凯氏定氮法、粗脂肪测定采用索式脂肪浸提法、中性洗涤纤维和酸性洗涤纤维测定采用酸碱法、粗灰分测定采用直接灰化法、粗纤维测定采用NaOH溶液煮沸消化法、吸附水测定采用烘干法、木质素测定采用紫外分光光度法。(赵燕梅，2015)相对饲喂价值通过以下公式进行计算。

$$相对饲喂价值 = [120/NDF \times (88.9 - 0.779 \times ADF)]/1.29$$

(五) 数据处理

利用Excel 2010和SPSS 17.0软件进行绘图与统计分析，采用单因素方差分析法，对试验数据进行处理及差异显著性分析；表格中数据为"平均值 ± 标准误"。

二、结果与分析

（一）不同生育期苜蓿株高变化

由图4-3可知，14个供试苜蓿品种的个体株高均随生育期的进行呈现逐渐增长的趋势，其中以分枝期到开花期之间的株高增长幅度最明显。开花期到结实期阶段，金皇后和WL319HQ的株高显著高于其他供试品种，且两者之间无显著差异，这表明金皇后和WL319HQ的生长速度和生长能力高于其他紫花苜蓿品种；结实期时，13个供试紫花苜蓿品种的株高均显著高于对照品种（陕北苜蓿），其中以金皇后和WL319HQ品种显著最高，分别为83.63cm和81.07cm，较对照品种提高27.87%和23.96%，而其他品种的株高范围为66~76cm，这表明金皇后和WL319HQ在该区生长能力较强。所有苜蓿的株高顺序依次为金皇后＞WL319HQ＞中苜1号＞甘农3号＞劳博＞阿尔冈金＞WL323＞皇后＞42IQ＞驯鹿＞敖汉＞三得利＞中草5号＞陕北苜蓿。

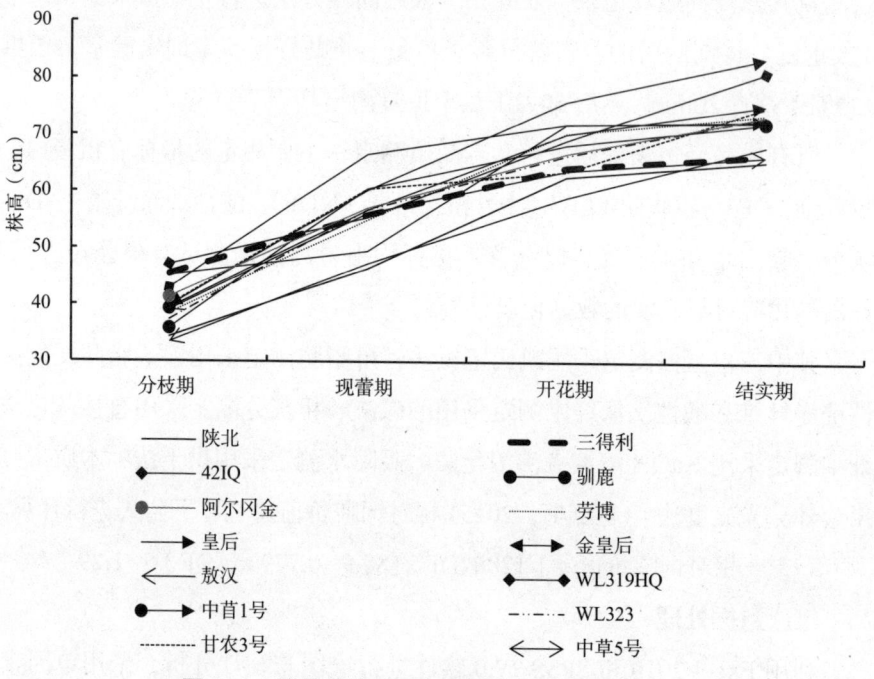

图4-3 紫花苜蓿不同生育期下个体的株高

(二) 生物量及干鲜比分析

由表4-9可知，不同品种各茬次的地上生物量存在差异，且均表现为第二茬地上生物量均高于第一茬。金皇后的总地上生物量显著最高，为34 501.73kg/hm²，而陕北苜蓿的地上生物量为25 901.30kg/hm²，两者相差8 600.43kg/hm²；中草5号品种的地上生物量次之，为28 701.44kg/hm²，其余品种的地上生物量均低于陕北苜蓿，其中以驯鹿苜蓿显著最低，为15 900.80kg/hm²。

所有苜蓿品种地上生物量总和折干草后顺序依次为金皇后＞中草5号＞陕北苜蓿＞皇后＞甘农3号＞41IQ＞WL323＞阿尔冈金＞劳博＞三得利＞驯鹿＞敖汉＞WL319HQ＞中苜1号；干鲜比排序依次为：驯鹿＞劳博＞敖汉＞41IQ＞阿尔冈金＞皇后＞中苜1号＞陕北苜蓿＞甘农3号＞中草5号＞金皇后＞WL323＞三得利＞WL319HQ，这表明驯鹿、劳博、敖汉和42IQ在本区域栽培种植后的干物质积累程度较好。

表4-9 不同品种苜蓿地上生物量产量和干鲜比

品种	鲜质量（kg）	干物质（kg）	干鲜比（%）	第一茬	第二茬	地上总和	折干草
42IQ	4 969.25a	1 408.07b	28.34ab	9 100.46c	10 600.53g	19 700.99g	5 583.26c
阿尔冈金	4 964.25a	1 374.07b	27.68b	8 900.45c	10 800.54g	19 700.99g	5 453.23c
皇后	4 995.25a	1 361.07c	27.25b	9 400.47c	13 800.69d	23 201.16d	6 322.32b
敖汉	3 637.18b	1 068.05e	29.36a	4 100.21f	12 600.63e	16 700.84l	4 903.37d
中苜1号	4 968.25a	1 352.07c	27.21b	7 500.38d	9 200.46h	16 700.84l	4 544.30d
甘农3号	4 972.25a	1 319.07c	26.53b	7 300.37d	14 800.74c	22 101.11e	5 863.42c
三得利	4 975.25a	1 241.06d	24.94b	9 100.46c	11 900.60ef	21 001.05f	5 237.66cd
驯鹿	4 924.25a	1 538.08a	31.23a	6 200.31e	9 700.49h	15 900.8m	4 965.82d
劳博	4 989.25a	1 475.07ab	29.57a	7 000.35d	10 900.55fg	17 900.9h	5 293.29cd
金皇后	4 892.24a	1 246.06d	25.56b	17 900.9a	16 600.83b	34 501.73a	8 818.64a
WL319HQ	4 978.25a	1 156.06d	23.22c	7 700.39d	12 700.64e	20 401.02fg	4 737.12c
陕北苜蓿	4 913.25a	1 326.07c	26.99b	11 200.56b	14 700.74c	25 901.3c	6 990.76b

续表

品种	鲜质量(kg)	干物质(kg)	干鲜比(%)	生物量 (kg/hm^2) 第一茬	第二茬	地上总和	折干草
WL323	4 957.25a	1 250.06d	25.22b	10 600.53b	11 400.57f	22 001.10e	5 548.68c
中草5号	4 875.24a	1 264.06d	25.93b	9 200.46c	19 500.975a	28 701.44b	7 442.28b

注：同列数据中小写字母不相同者表示差异显著（$P<0.05$）。下同。

(三) 营养指标分析

1. 粗蛋白、粗纤维质量分数和粗脂肪含量分析

由表4-10可知，不同紫花苜蓿品种间的粗蛋白、粗纤维和粗脂肪含量均具有显著差异（$P<0.05$）。本研究中，WL319HQ、敖汉、劳博、WL323、三得利、金皇后、42IQ、阿尔冈金、中草5号、甘农3号、中苜1号、陕北苜蓿、皇后和驯鹿的粗蛋白质量分数分别为22.6%、21.1%、21.1%、21.0%、20.9%、20.8%、20.1%、20.1%、19.9%、19.8%、19.6%、19.3%、18.8%和18.3%，其中以WL319HQ的粗蛋白显著最高。

不同紫花苜蓿品种的粗纤维均为18.60%~27.20%，其中以金皇后（27.20%）显著最高，劳博（18.60%）显著最低；不同品种间粗纤维质量分数顺序依次为：劳博＜WL319HQ＜三得利＜阿尔冈金＜敖汉＜WL323＜甘农3号＜陕北苜蓿＜其余品种，这表明WL319HQ、劳博、WL323、三得利、阿尔冈金、敖汉和甘农3号等品种均具有蛋白高、纤维低的优良特性，且营养品质均显著高于其他紫花苜蓿品种。

不同紫花苜蓿品种粗脂肪含量均为15.00~32.00g/kg，其中甘农3号（32.00g/kg）、WL323（31.00g/kg）和WL319HQ（28.00g/kg）均显著高于陕北苜蓿（25.00g/kg），且分别较对照品种提高28%、24%和12%；粗脂肪含量最低的是驯鹿苜蓿，为15g/kg。这表明甘农3号、WL319HQ和WL323苜蓿较其他品种均能更好地为当地家畜提供热量。所有试验品种的粗脂肪含量顺序依次为：甘农3号＞WL323＞WL319HQ＞敖汉、陕北苜蓿＞三得利、中苜1号。

表4-10　不同紫花苜蓿品种的粗蛋白、粗纤维质量分数和粗脂肪含量

品种	粗蛋白（%）	粗纤维（%）	粗脂肪（g/kg）
42IQ	20.10 ± 0.70bc	23.50 ± 0.80bcd	17.00 ± 0.60f
阿尔冈金	20.10 ± 0.70bc	21.50 ± 0.80e	21.00 ± 0.70de
皇后	18.80 ± 0.70c	25.20 ± 0.90b	21.00 ± 0.70de
敖汉	21.10 ± 0.70b	22.10 ± 0.80de	25.00 ± 0.90c
中苜1号	19.60 ± 0.70bc	24.30 ± 0.90bc	23.00 ± 0.80d
甘农3号	19.80 ± 0.70bc	22.30 ± 0.80de	32.00 ± 1.10a
三得利	20.90 ± 0.70b	19.60 ± 0.70f	23.00 ± 0.80d
驯鹿	18.30 ± 0.70c	24.80 ± 0.70bc	15.00 ± 0.70g
劳博	21.10 ± 0.60b	18.60 ± 0.90f	21.00 ± 0.50de
金皇后	20.80 ± 0.70b	27.20 ± 1.00a	21.00 ± 0.70de
WL319HQ	22.60 ± 0.80a	19.10 ± 0.70f	28.00 ± 1.00b
陕北苜蓿	19.30 ± 0.70bc	22.90 ± 0.80cde	25.00 ± 0.90c
WL323	21.00 ± 0.70b	22.20 ± 0.80de	31.00 ± 1.10a
中草5号	19.90 ± 0.70bc	24.60 ± 0.86bc	20.00 ± 0.70e

2. 粗灰分、吸附水和木质素含量分析

由表4-11可知，不同紫花苜蓿品种间的粗灰分、吸附水和木质素均存在显著差异（P＜0.05）。粗灰分含量为8.00%~10.00%，其中以三得利（10.00%）显著最高，且较陕北苜蓿（8.40%）提高19.0%；含粗灰分最低的品种为驯鹿（8.00%）；不同紫花苜蓿品种的粗灰分含量顺序依次为：三得利＞敖汉＞WL323、42IQ＞阿尔冈金＞劳博、WL319HQ＞甘农3号＞中草5号＞金皇后、陕北苜蓿、皇后。

所有品种的木质素含量变化范围为10.40%~15.2%，其中以敖汉苜蓿（15.20%）显著最高，且较陕北苜蓿（11.70%）提高29.9%；木质素含量最低的品种是WL323（10.40%）；木质素含量排序依次为：敖汉＞驯鹿＞劳博＞三得利、中苜1号＞中草5号＞阿尔冈金＞金皇后＞陕北苜蓿。

不同品种的吸附水含量变幅为7.20%~10.8%，其中以WL323（10.80%）显

著最高,且较陕北苜蓿(8.40%)提高28.6%;吸附水含量最低的品种为甘农3号和WL319HQ(均为7.20%),且较陕北苜蓿(8.40%)降低16.7%;吸附水含量顺序依次为:甘农3号、WL319HQ＜劳博＜敖汉＜中草5号＜金皇后＜三得利＜陕北苜蓿＜皇后。

表4-11 不同品种苜蓿灰分、吸附水和木质素含量

品种	粗灰分(%)	吸附水(%)	木质素(%)
42IQ	9.50 ± 0.30abc	8.90 ± 0.30b	10.50 ± 0.40f
阿尔冈金	9.30 ± 0.30abc	8.80 ± 0.30bc	12.40 ± 0.40cd
皇后	8.40 ± 0.30def	8.50 ± 0.30bcd	11.30 ± 0.40ef
敖汉	9.80 ± 0.30ab	7.70 ± 0.30bcdef	15.20 ± 0.50c
中苜1号	8.20 ± 0.30ef	8.60 ± 0.40a	12.90 ± 0.40f
甘农3号	9.00 ± 0.30bcd	7.20 ± 0.30bcde	11.20 ± 0.40de
三得利	10.00 ± 0.40a	8.20 ± 0.30def	12.90 ± 0.40c
驯鹿	8.00 ± 0.30f	8.60 ± 0.30g	14.30 ± 0.40ef
劳博	9.20 ± 0.30abc	7.50 ± 0.30cdef	13.20 ± 0.40cd
金皇后	8.40 ± 0.30def	8.10 ± 0.30bcd	12.30 ± 0.50c
WL319HQ	9.20 ± 0.30abc	7.20 ± 0.30fg	11.50 ± 0.50c
陕北苜蓿	8.40 ± 0.30def	8.40 ± 0.30bcd	11.70 ± 0.50b
WL323	9.50 ± 0.30abc	10.80 ± 0.30efg	10.40 ± 0.50a
中草5号	8.90 ± 0.31cde	7.90 ± 0.25g	12.80 ± 0.40de

3. 酸性洗涤纤维和中性洗涤纤维含量分析

由表4-12可知,14个试验品种的酸性洗涤纤维和中性洗涤纤维含量均存在着显著差异($P<0.05$)。酸性洗涤纤维含量均为28.90%~32.8%,其中以"劳博"苜蓿(32.80%)显著最高,42IQ、敖汉、劳博和中草5号等品种高于对照品种(陕北苜蓿);WL323(28.9%)显著最低,且较陕北苜蓿(31.20%)低7.9%;酸性洗涤纤维含量顺序依次为:WL323＜驯鹿＜甘农3号＜三得利＜皇后、金皇后＜WL319HQ、中苜1号＜阿尔冈金＜陕北苜蓿。

供试的13种紫花苜蓿品种的中性洗涤纤维含量均低于陕北苜蓿，其值变化范围为35.80%~40.80%；中性洗涤纤维含量最低的品种为金皇后（35.80%），且较陕北苜蓿（40.80%）降低13.9%；中性洗涤纤维含量顺序依次为：金皇后＜WL323＜三得利＜甘农3号＜中草5号、皇后、42IQ＜阿尔冈金＜WL319HQ＜敖汉＜中苜1号＜驯鹿＜劳博＜陕北苜蓿。

表4-12　不同品种苜蓿酸性洗涤纤维和中性洗涤纤维含量

品种	酸性洗涤纤维（%）	中性洗涤纤维（%）
42IQ	31.90 ± 1.10ab	38.20 ± 1.30ab
阿尔冈金	30.90 ± 1.10ab	38.40 ± 1.30ab
皇后	30.40 ± 1.10ab	38.20 ± 1.30ab
敖汉	31.30 ± 1.10ab	38.90 ± 1.40ab
中苜1号	30.70 ± 1.10ab	39.10 ± 1.40ab
甘农3号	30.10 ± 1.10ab	38.00 ± 1.30ab
三得利	30.30 ± 1.10ab	36.90 ± 1.30ab
驯鹿	29.50 ± 1.10ab	39.20 ± 1.40ab
劳博	32.80 ± 1.00a	39.60 ± 1.40ab
金皇后	30.40 ± 1.10ab	35.80 ± 1.30b
WL319HQ	30.70 ± 1.10ab	38.60 ± 1.40ab
陕北苜蓿	31.20 ± 1.10ab	40.80 ± 1.40a
WL323	28.90 ± 1.00b	36.40 ± 1.30b
中草5号	31.50 ± 0.65ab	38.20 ± 1.34ab

4. 相对饲喂价值分析

由图4-4可知，不同紫花苜蓿品种的相对饲喂价值的变化范围为147.28%~169.66%，其中金皇后（169.46%）和WL323（169.66%）均显著高于陕北苜蓿（147.28%），即分别提高15.0%和15.2%；相对饲喂价值高低排序依次为：WL323＞金皇后＞三得利＞甘农3号＞皇后＞阿尔冈金＞中草5号＞WL319HQ＞劳博＞42IQ＞中苜1号＞敖汉＞驯鹿＞陕北苜蓿。

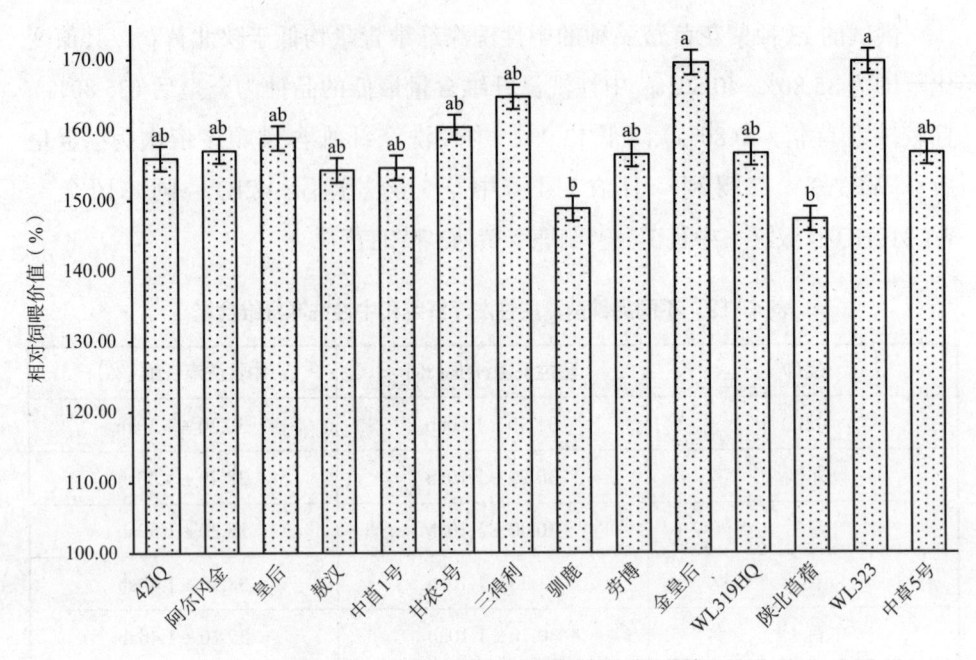

图 4-4　不同紫花苜蓿品种的相对饲喂值

三、讨论

株高是影响苜蓿产量高低的一个重要指标。(耿金才，2014)本研究中，14个供试苜蓿品种的个体株高均随生育期的进行呈现逐渐增长的趋势，且金皇后和 WL319HQ 品种结实期时株高显著高于其他供试品种，这表明金皇后和 WL319HQ 的生长速度和生长能力高于其他紫花苜蓿品种，在本区域生长能力较强。生物量和营养品质是衡量苜蓿综合性状最重要的指标，生物量的高低直接关系到苜蓿品种的经济效益。(邹小艳，2015)本研究中，14 个供试品种各茬次的地上生物量存在差异，均表现为第二茬的地上生物量均高于第一茬，金皇后和中草 5 号的总地上生物量显著高于陕北苜蓿，从生物量角度考虑，这两个品种较适合于在本地区种植。

按照美国牧草协会规定的牧草等级标准，粗蛋白含量＞19.0% 为特级牧草，粗蛋白含量＞17% 为一级牧草。本研究中，WL319HQ、敖汉、劳博、WL323、三得利、金皇后、42IQ、阿尔冈金、中草 5 号、甘农 3 号、中苜 1 号和陕北苜蓿等紫花苜蓿品种能达到特级牧草标准，而皇后和驯鹿品种均能达到一级牧草标准。WL319HQ、劳博、WL323、三得利、阿尔冈金、敖汉和甘农 3 号等苜蓿品种的粗纤维含量均显著低于陕北苜蓿，综上表明，这 7 个紫花苜蓿品种均具有蛋白高、纤维低的优良特性，且其营养品质均显著高于其他紫花苜蓿品种。

粗脂肪含量和相对饲喂价值也是衡量紫花苜蓿营养品质的一个重要指标。本研究中，甘农 3 号、WL323 和 WL319HQ 的粗脂肪含量分别较陕北苜蓿提高 28%、24% 和 12%，这表明该 3 个品种较其他品种能更好地为当地家畜提供热量。另外，比较 14 个苜蓿品种的相对饲喂价值，表明其他 13 个品种的相对饲喂价值均高于陕北苜蓿，且 WL323、金皇后、三得利、甘农 3 号、皇后、阿尔冈金、中首 5 号和 WL319HQ 的相对饲喂价值均大于 150%。

一个优质的苜蓿品种必须具备优良的生理特征和营养品质。根据 20-30-40 牧草品质法则（粗蛋白＞20%、酸性洗涤纤维＜30%、中性洗涤纤维＜40%）（陈谷，2010），结合相对饲喂价值＞150% 进行优质苜蓿品种筛选。综合分析得出金皇后在该区的综合表现最好，具有产量高、水分少、蛋白高、纤维低、易消化和饲用价值高等特点，其次是皇后、中草 5 号、三得利和甘农 3 号。朱林等（2014）对宁夏中部半干旱地区紫花苜蓿水分利用效率的研究表明，三得利品种在整个生育期耗水量较大，属于耗水型品种。因此三得利品种虽在本地区表现出较高的产量和品质性状，但从农牧交错区地下水资源短缺角度该品种仍需进一步研究考虑。

四、结论

综上所述，金皇后、皇后、中草 5 号和甘农 3 号可以优先在陕北农牧交错区进行推广种植，且在进行筛选品种时也可根据不同生产目的和利用方式进行选择。

第三节　榆林片沙覆盖黄土区 20 个引进紫花苜蓿品种的综合性状评价

一、材料与方法

(一) 试验地概况

试验地位于陕西省榆林市横山区雷龙湾乡周界村，东经 109°9′35.67″，北纬 37°59′27.72″，海拔 1 133m，属温带半干旱大陆性季风气候。多年平均降水量 352.2mm，降雨季节分配不均，集中在每年 6 月至 9 月，最低月均气温 -13.2℃，最高月均气温 25.9℃，无霜期年均 175 天，年均日照时数 2 800.8h。土质为沙壤土，耕层 (0~30cm) 土壤主要理化性质为：pH 值 7.9，有机质含量 1.63g/kg，全氮含量 0.28g/kg，有效磷含量 15.35mg/kg，速效钾含量 77.21mg/kg。

(二) 试验材料

引进国内外干旱地区常规栽培的 19 个紫花苜蓿品种：敖汉、DS 310 FY、阿迪娜、MF 4020、大银河、康赛、擎天柱、甘农 3 号、甘农 4 号、WL 343 HQ、WL 354 HQ、三得利、中首 1 号、中首 2 号、中首 3 号、普沃 4.2、SK 3010、隆冬以及皇后苜蓿，以上苜蓿种子均购自宁夏西贝农林牧生态科技有限公司。以本地区常规栽培的重要品种陕北苜蓿为对照。

(三) 试验设计

采用单因素随机区组设计，20 个品种，重复 3 次，共 60 个小区，每小区面积 3m×5m。播种时间为 2019 年 5 月 6 日，采用穴播法，行距 40cm，播种深度为 1~2cm，播种量为 1.5kg/亩，5 月 11 日出苗后定期浇水，进行人工除草等管理工作，建植当年刈割 2 次，分别为 7 月和 9 月中旬。采用地埋式立杆喷灌，立杆露出地面 1.2m，立杆顶部设有涡轮蜗杆喷枪，射程为 32~41m。

(四) 测定指标及方法

1. 株高

现蕾期，每个小区随机选取 10 株，齐地刈割，拉直用卷尺测量底部到顶部的绝对长度，记为植株高度。

2. 茎叶比

茎叶分离、分别装袋放入80℃烘箱烘干至恒重，称取茎和叶干重，并计算茎叶比。

3. 干草产量

现蕾期测定，对每小区进行整区刈割，留茬高度3cm，现场称量鲜草质量获得鲜重，样品带回实验室120℃烘箱杀青15~20min，80℃烘干至恒重，获得干重。

4. 营养品质

将测完干草产量的干草样粉碎，置于自封袋，测定营养品质。使用美国Unity公司的近红外光谱仪Spectrastar 1400 XT-3，扫描软件UScan，利用漫反射方式进行样品光谱扫描及信息采集，波长范围1 100~2 600nm；波长间隔1nm，每个样品重复装样扫描2次，取平均值生成SVF光谱文件，3次重复，定标软件为Ucal，工作条件0~40℃，测定水分（AW）、粗蛋白（CP）、粗脂肪（EE）、中性洗涤纤维（NDF）、酸性洗涤纤维（ADF）、粗灰分（ASH）、干物质（DDM）、木质素（ADL）。计算相对饲喂价值（RFV）。

$$干物质采食量 (DMI) = 120/NDF$$
$$可消化的干物质 (DDM) = 88.9 - 0.779 \times ADF$$
$$RFV = 120/NDF \times (88.9 - 0.779 \times ADF)/1.29$$

5. 综合性状评价

灰色关联度分析具体为选择干草总产量、株高、叶茎比、AW、CP、EE、NDF、ADF、ASH、DDM、ADL和RFV12项测定指标，采用灰色关联分析方法和权重决策法进行各项指标的权重比较，构建苜蓿综合评价模型。将上述测定性状指标进行灰色关联度分析，参试品种以X表示，性状以K表示，各参试品种X在性状K处的值构成比较数列X_i，X_0，取每个指标的最优值作为参考数列。ρ为分辨率系数，$\rho = 0.5$。采用均值化对原始数据进行无量纲处理，运用灰色系统关联度理论的权重决策法（张杰等，2007），结合以下公式分别求出各自的关联系数ε_i、绝对离差、等权关联度；运用灰色系统关联度理论的权重决策法，参考判断矩阵法给各指标赋权重，计算加权关联度（田玉民等，2006）。

关联系数 $\varepsilon_i(k) = \dfrac{\min_i \min_k \Delta_i(k) + \rho \max_i \max_k \Delta_i(k)}{\Delta_i(k) + \rho \max_i \max_k \Delta_i(k)}$

绝对离差 $\Delta_i(k) = |X_0(k) - X_i(k)|$

等权关联度 $(\gamma_i) = \dfrac{1}{n}\sum_{k=1}^{n} \varepsilon_i(k)$

权重系数 $(\omega_i) = \dfrac{\gamma_i}{\sum \gamma_i} i$

加权关联度 $(\gamma_i) = \sum_{k=1}^{n} \omega_i(k)\varepsilon_i(k)$

关联系数根据关联度分析原则，关联度越大，参试材料越接近参考组合，综合性状评价表现越优；关联度越小，表明参试材料越远离参考组合，综合性状表现越差。（任海娟等，2015）

(五) 数据统计与分析

试验数据采用 Excel 2010 整理和图表绘制，采用 SPSS 18.0 统计分析。结果以"平均值 ± 标准误"表示，$P < 0.05$ 表示差异显著。

二、结果与分析

(一) 不同紫花苜蓿品种株高、茎叶比和干草产量比较

由表 4-13 可知，不同紫花苜蓿品种第 1 茬的株高变化范围为 33.7~54.1cm，以三得利的株高最高（$P < 0.05$），为 54.1cm；第 2 茬的株高变化范围为 48.0~64.7cm，以皇后和中苜 3 号的株高最高（$P < 0.05$），分别为 64.7cm 和 64.1cm；同一品种条件下，株高均以第 2 茬显著高于第 1 茬（$P < 0.05$）。第 1 茬紫花苜蓿的茎叶比范围为 0.4~1.2，以中苜 1 号最高，普沃 4.2 最低（$P < 0.05$）；第 2 茬紫花苜蓿的茎叶比范围为 1.1~1.9，以中苜 1 号最高（$P < 0.05$）；同一品种条件下，大多品种的茎叶比均以第 2 茬显著高于第 1 茬（$P < 0.05$）。不同紫花苜蓿品种第 1 茬的干草重变化范围为 30.4~86.3kg，以普沃 4.2 和三得利最高（$P < 0.05$）；第 2 茬的干草重变化范围为 75.2~147.5kg，以中苜 3 号最高（$P < 0.05$）；同一品种条件下，干草重均以第 2 茬显著高于第 1 茬（$P < 0.05$）。不同紫花苜蓿品种

的总干重排名前三位为中苜 1 号、DS310FY 和普沃 4.2，干草总重排名后三位的品种为中苜 2 号、敖汉和甘农 3 号，且以中苜 1 号和 DS310FY 最高（$P < 0.05$），以敖汉和甘农 3 号最低（$P < 0.05$）。

表 4-13　不同紫花苜蓿品种株高、茎叶比和干草产量比较

项目	第 1 茬 株高（cm）	第 1 茬 茎叶比	第 1 茬 干重（kg）	第 2 茬 株高（cm）	第 2 茬 茎叶比	第 2 茬 干重（kg）	总干重（kg）
敖汉	47.3 ± 1.1b	0.9 ± 0.0d	30.4 ± 0.6f	56.1 ± 0.2c	1.1 ± 0.0e	91.7 ± 2.1ef	122.1 ± 2.0f
DS310FY	40.5 ± 0.6c	1.0 ± 0.0c	64.8 ± 1.2c	54.5 ± 1.7cd	1.5 ± 0.2c	142.2 ± 2.2ab	207.0 ± 2.5a
阿迪娜	46.1 ± 1.2b	0.9 ± 0.1d	62.3 ± 2.2cd	54.0 ± 1.3cd	1.3 ± 0.1d	108.9 ± 3.0d	171.2 ± 4.7cd
MF4020	39.0 ± 0.6c	0.8 ± 0.1e	65.2 ± 0.8c	48.0 ± 0.5d	1.2 ± 0.0de	94.3 ± 0.5ef	159.5 ± 0.3d
大银河	44.8 ± 3.1bc	0.9 ± 0.1d	62.5 ± 2.0cd	55.0 ± 1.9cd	1.5 ± 0.1c	95.5 ± 1.7e	158.0 ± 2.6d
康赛	37.8 ± 0.8c	0.6 ± 0.0g	60.5 ± 1.4cd	60.0 ± 1.1b	1.3 ± 0.0d	127.9 ± 3.8bc	188.5 ± 4.9bc
擎天柱	39.5 ± 1.4c	1.0 ± 0.0c	74.0 ± 1.2b	58.4 ± 1.2bc	1.4 ± 0.1cd	87.5 ± 3.2ef	161.5 ± 2.5c
甘农 3 号	38.0 ± 1.1c	0.7 ± 0.0f	34.9 ± 2.9f	49.5 ± 0.6d	1.2 ± 0.0de	84.9 ± 1.5f	119.7 ± 4.4f
甘农 4 号	38.4 ± 1.6c	0.9 ± 0.0d	32.4 ± 1.1f	57.7 ± 1.6bc	1.8 ± 0.2ab	142.3 ± 3.6ab	174.7 ± 2.5c
WL343HQ	40.5 ± 2.1c	0.9 ± 0.1d	62.5 ± 2.0cd	53.8 ± 0.4cd	1.4 ± 0.1cd	94.1 ± 0.3ef	156.6 ± 2.0d
WL354HQ	43.6 ± 1.6bc	1.1 ± 0.0b	57.9 ± 1.2d	54.0 ± 1.5cd	1.2 ± 0.1de	135.5 ± 3.1b	193.4 ± 2.2b
三得利	54.1 ± 2.0a	1.0 ± 0.0c	81.0 ± 3.1a	56.8 ± 1.4bc	1.3 ± 0.0d	108.0 ± 3.3d	189.1 ± 3.8b
中苜 1 号	47.7 ± 2.2b	1.2 ± 0.0a	64.9 + 0.9c	58.4 ± 1.2bc	1.9 ± 0.2a	142.4 ± 3.5ab	207.3 ± 3.2a
中苜 2 号	41.0 ± 0.7c	1.0 ± 0.0c	41.2 ± 1.6e	52.8 ± 0.9cd	1.1 ± 0.0e	86.9 ± 3.5f	128.1 ± 4.4ef
中苜 3 号	39.7 ± 1.7c	0.8 ± 0.0e	45.5 ± 2.0e	64.1 ± 1.8a	1.3 ± 0.1d	147.5 ± 4.7a	193.0 ± 2.8b
普沃 4.2	33.7 ± 0.8d	0.4 ± 0.0h	86.3 ± 1.5a	49.7 ± 0.8d	1.3 ± 0.1d	111.1 ± 3.5d	197.5 ± 2.5ab
SK3010	39.6 ± 2.0c	0.8 ± 0.0e	61.2 ± 1.1cd	48.4 ± 1.4d	1.3 ± 0.0d	75.2 ± 2.2g	136.4 ± 2.9e
隆冬	43.7 ± 0.8bc	0.8 ± 0.0e	61.1 ± 3.0cd	53.6 ± 0.9cd	1.7 ± 0.2b	113.9 ± 1.7cd	175.0 ± 3.8c
皇后	43.7 ± 0.9bc	1.0 ± 0.0c	57.1 ± 2.5d	64.7 ± 2.1a	1.4 ± 0.1cd	121.6 ± 3.1c	178.6 ± 5.5c
陕北苜蓿	38.6 ± 3.1c	0.8 ± 0.0e	53.3 ± 1.2d	51.2 ± 2.0d	1.4 ± 0.0cd	107.7 ± 3.5d	160.9 ± 4.6d

(二) 不同紫花苜蓿品种第1茬和第2茬营养品质指标比较（表4-14、表4-15）

表4-14 不同紫花苜蓿品种第1茬营养品质指标比较

项目	AW(%)	CP(%)	NDF(%)	ADF(%)	ASH(%)	EE(%)	RFV	DDM(%)	ADL(%)
敖汉	9.0±0.2bc	21.5±0.3b	31.0±0.4ab	40.2±0.7ab	13.2±0.3b	2.1±0.1c	149.8±1.0c	91.0±0.5ab	4.2±0.3h
DS310FY	8.9±0.1bc	21.1±0.4bc	29.4±04c	38.2±0.4bc	12.1±0.3cd	2.3±0.2bc	160.8±1.8bc	91.1±0.6ab	6.8±0.5cd
阿迪娜	9.8±0.2a	20.9±0.4c	28.5±0.5c	36.8±0.3c	12.4±0.3cd	2.4±0.2b	168.9±1.5ab	90.4±0.7bc	6.1±0.4e
MF4020	9.5±0.1ab	20.7±0.3cd	29.3±0.4c	37.6±0.4bc	12.1±0.3cd	2.3±0.1bc	163.5±2.0b	90.5±0.6bc	5.9±0.4ef
大银河	9.3±0.2b	22.5±0.3a	30.1±0.3bc	39.6±0.5ab	12.7±0.3bc	2.2±0.2c	153.5±2.0c	90.7±0.7b	5.5±0.4f
康赛	9.2±0.1b	21.0±0.3bc	29.3±0.4c	38.3±0.2bc	12.5±0.2c	2.2±0.1c	160.5±1.6bc	90.8±0.6b	5.7±0.4ef
擎天柱	9.6±0.3ab	21.5±0.2b	29.8±0.3bc	38.3±0.4bc	12.0±0.2cd	2.3±0.1bc	159.6±2.1bc	90.4±0.4bc	6.4±0.5de
甘农3号	9.4±0.1ab	22.4±0.2a	28.7±0.4c	35.8±0.4c	12.9±0.3bc	2.3±0.2bc	173.0±2.0a	90.7±0.6b	5.1±0.4fg
甘农4号	9.0±0.2bc	22.5±0.3a	30.5±0.6b	39.8±1.3ab	13.8±0.3a	2.2±0.1c	152.6±3.9c	91.1±0.7ab	4.7±0.6g
WL343HQ	8.7±0.4c	21.4±0.4bc	29.3±0.3c	38.9±0.6bc	12.3±0.4cd	2.2±0.2c	158.3±2.8bc	91.3±0.8a	5.4±0.4f
WL354HQ	8.6±0.5c	20.8±0.5cd	31.1±0.5ab	41.5±0.7a	13.2±0.5b	2.1±0.1c	145.6±3.7c	91.4±1.1a	6.2±0.7de
三得利	9.6±0.4ab	18.8±0.2e	31.7±0.3a	40.9±0.3ab	12.0±0.2cd	2.4±0.2b	146.1±2.4c	90.4±0.6bc	7.1±0.7c
中苜1号	9.4±0.3ab	20.8±0.5cd	29.9±0.4bc	36.9±0.6c	11.6±0.4d	2.5±0.3ab	165.4±3.6ab	90.6±0.6bc	7.5±0.4bc
中苜2号	9.6±0.2ab	20.3±0.4d	29.7±0.5bc	37.4±0.3c	12.7±0.3bc	2.4±0.2b	163.9±1.0b	90.5±0.7bc	6.6±0.4d

续表

项目	AW(%)	CP(%)	NDF(%)	ADF(%)	ASH(%)	EE(%)	RFV	DDM(%)	ADL(%)
中苜 3 号	9.2±0.1b	20.0±0.3d	29.8±0.3bc	39.2±0.4bc	12.4±0.3cd	2.3±0.2bc	155.8±1.7bc	90.8±0.6b	6.5±0.5de
普沃 4.2	9.6±0.3ab	20.1±0.3d	28.4±0.5c	36.5±0.3c	11.9±0.3d	2.5±0.3ab	170.0±1.8ab	90.6±0.6bc	7.7±0.4b
SK3010	9.8±0.3a	20.5±0.4cd	29.6±0.5bc	37.3±0.4c	12.1±0.2cd	2.4±0.3b	164.2±1.4b	90.2±0.6c	6.7±0.4cd
隆冬苜蓿	9.6±0.2ab	20.4±0.4cd	30.7±0.6ab	39.4±0.5b	12.7±0.5bc	2.1±0.2c	154.0±3.3c	90.4±0.7bc	5.2±0.5f
皇后	9.7±0.3ab	20.5±0.3cd	29.4±0.4c	37.0±0.3c	12.0±0.3cd	2.6±0.3a	166.2±1.8ab	90.4±0.5bc	8.3±0.4a
陕北苜蓿	9.4±0.1ab	20.7±0.5cd	30.2±0.4bc	38.9±0.3bc	11.9±0.3d	2.4±0.2b	156.2±1.6bc	90.6±0.6bc	7.5±0.4bc

由表 4-14 可知，不同紫花苜蓿品种第 1 茬的 AW 含量变化范围为 8.6%~9.8%，以阿迪娜和 SK3010 最高（$P<0.05$）；第 1 茬的 CP 含量变化范围为 18.8%~22.5%，以大银河、甘农 4 号和甘农 3 号的 CP 含量最高（$P<0.05$），三得利最低（$P<0.05$）；第 1 茬的 NDF 含量变化范围为 28.4%~31.7%，以三得利最低（$P<0.05$）；第 1 茬的 ADF 含量变化范围为 35.8%~41.5%，整体高于 NDF 含量，且以 WL354HQ 最高（$P<0.05$）；第 1 茬的 ASH 含量变化范围为 11.6%~13.8%，以甘农四号最高（$P<0.05$）；第 1 茬的 EE 含量变化范围为 2.1%~2.6%，以皇后最高（$P<0.05$），以 WL354HQ 最低（$P<0.05$）；第 1 茬的 RFV 含量变化范围为 145.6%~173.0%，以 WL343HQ 和 WL354HQ 最高（$P<0.05$），以 SK3010 最低（$P<0.05$）；第 1 茬的 DDM 含量变化范围为 90.2%~91.4%，以皇后最高（$P<0.05$），以敖汉最低（$P<0.05$）；第 1 茬的 ADL 含量变化范围为 4.2%~8.3%。

表4-15 不同紫花苜蓿品种第2茬营养品质指标比较

品种	AW(%)	CP(%)	NDF(%)	ADF(%)	ASH(%)	EE(%)	RFV	DDM(%)	ADL(%)
敖汉	8.6±0.3e	19.7±0.5c	29.8±0.4bc	39.1±0.5b	11.5±0.3bc	2.5±0.3c	156.1±2.7d	91.4±0.6ab	10.2±0.6a
DS310FY	9.5±0.3b	19.6±0.2c	29.1±0.1c	37.8±0.5c	11.7±0.3ab	2.6±0.2b	163.0±1.5cd	90.5±0.6de	8.5±0.5cd
阿迪娜	8.4±0.3e	20.2±0.5bc	29.8±0.2bc	39.1±0.3b	10.9±0.4c	2.4±0.3d	156.5±1.5d	91.6±0.7a	8.9±0.4cd
MF4020	8.9±0.2d	19.6±0.3c	29.7±0.1bc	38.9±0.4bc	11.2±0.5c	2.6±0.1b	157.1±1.6d	91.1±0.6bc	9.9±0.5ab
大银河	9.2±0.3c	18.6±0.3d	31.1±0.1ab	40.7±0.3a	10.9±0.4c	2.5±0.3c	147.8±1.3e	90.7±0.6cd	8.8±0.3cd
康赛	9.0±0.2cd	20.0±0.4bc	28.8±0.3c	37.8±0.4c	11.6±0.5b	2.6±0.3b	163.9±2.2cd	91.0±0.8bc	9.6±0.4b
擎天柱	8.8±0.4de	19.7±0.3c	28.2±0.0cd	37.5±0.6cd	11.4±0.4bc	2.5±0.3c	165.8±1.4c	91.1±0.6bc	9.2±0.5bc
甘农3号	9.6±0.3ab	20.9±0.4a	27.0±0.4d	34.2±0.4e	11.9±0.3ab	2.7±0.4a	184.7±3.0a	90.5±0.7de	8.8±0.5cd
甘农4号	9.4±0.3bc	19.6±0.3c	29.7±0.2bc	38.7±0.5bc	11.4±0.4bc	2.6±0.3b	158.1±1.3d	90.6±0.7d	8.8±0.4cd
WL343HQ	9.1±0.4cd	20.0±0.3bc	28.5±0.3cd	37.1±0.4cd	11.3±0.4bc	2.7±0.3a	167.3±2.5c	90.9±0.5c	10.0±0.4ab
WL354HQ	9.6±0.3ab	19.5±0.5cd	29.5±0.6bc	37.9±0.7c	11.7±0.4ab	2.6±0.2b	162.1±3.8d	90.4±0.6de	8.3±0.5d
三得利	9.6±0.3ab	20.3±0.4b	27.7±0.3d	35.6±0.4d	11.7±0.5ab	2.7±0.1a	176.0±2.7b	90.4±0.6de	8.4±0.4d
中苜1号	9.4±0.3bc	19.2±0.3cd	30.2±0.1b	39.4±0.2b	11.1±0.4c	2.6±0.3b	154.5±1.9de	90.6±0.3d	8.7±0.5cd
中苜2号	9.4±0.3bc	19.0±0.4d	30.8±0.5ab	39.4±0.8b	11.3±0.4bc	2.6±0.3b	153.3±3.8de	90.6±0.4d	8.8±0.4cd
中苜3号	9.5±0.4b	19.8±0.4bc	30.6±0.4b	39.5±0.4b	11.9±0.4ab	2.6±0.2b	153.4±1.4de	90.5±0.6de	9.2±0.4bc
普沃4.2	9.8±0.3a	20.2±0.4bc	29.7±0.2bc	37.9±0.4c	12.0±0.6a	2.5±0.3c	161.4±1.3cd	90.3±0.5e	8.7±0.5cd

续表

品种	AW(%)	CP(%)	NDF(%)	ADF(%)	ASH(%)	EE(%)	RFV	DDM(%)	ADL(%)
SK3010	9.0 ± 0.3cd	19.8 ± 0.3bc	29.4 ± 0.3bc	38.6 ± 0.2bc	11.4 ± 0.3bc	2.5 ± 0.1c	159.0 ± 1.2d	91.0 ± 0.6bc	8.5 ± 0.5cd
隆冬苜蓿	9.4 ± 0.2bc	18.8 ± 0.5d	31.4 ± 0.6a	40.2 ± 0.7ab	11.0 ± 0.5c	2.5 ± 0.3c	149.2 ± 3.8e	90.6 ± 0.6d	9.0 ± 0.5c
皇后	8.7 ± 0.3de	20.8 ± 0.5ab	28.2 ± 0.4cd	36.4 ± 0.5d	11.4 ± 0.4bc	2.5 ± 0.3c	171.3 ± 3.0bc	91.2 ± 0.6b	9.1 ± 0.3bc
陕北苜蓿	9.7 ± 0.3ab	19.9 ± 0.3bc	29.6 ± 0.3bc	37.6 ± 0.6c	11.6 ± 0.4b	2.6 ± 0.3b	163.1 ± 1.1cd	90.4 ± 0.6de	8.5 ± 0.6cd

由表 4-15 可知，第 2 茬的 AW 含量变化范围为 8.4%~9.8%，以普沃 4.2 最高（$P < 0.05$）；第 2 茬的 CP 含量变化范围为 18.6%~20.9%，以甘农 3 号最高（$P < 0.05$），且大多数品种的 CP 含量显著低于第 1 茬（$P < 0.05$）；第 2 茬的 NDF 含量变化范围为 27.0%~31.4%，以隆冬最高（$P < 0.05$），甘农 3 号最低（$P < 0.05$）；第 2 茬的中 ADF 含量变化范围为 10.9%~12.0%，以大银河最低（$P < 0.05$）；第 2 茬的 ASH 含量的变化范围为 2.4%~2.7%，以甘农 3 号、WL343HQ 和三得利最高（$P < 0.05$）；以普沃 4.2 最高（$P < 0.05$），第 2 茬 EE 含量的变化范围 147.8%~184.7%，以甘农 3 号最高（$P < 0.05$），大银河最低（$P < 0.05$）；第 2 茬 DDM 含量变化范围为 90.3%~91.6%，以阿迪娜最高（$P < 0.05$）；第 2 茬的 ADL 含量变化范围为 8.3%~10.2%，均显著高于第 1 茬（$P < 0.05$）。

（三）灰色关联度分析（表4-16）

表4-16　不同紫花苜蓿品种综合性状的灰色关联度分析

品种	AW	CP	NDF	ADF	ASH	EE	RFV	DDM	ADL	株高	茎叶比	总干重	均值	排序
敖汉	0.9	0.9	0.9	0.8	0.9	0.9	0.8	1.0	0.9	0.9	0.8	0.6	0.9	19
DS310FY	0.9	0.9	0.9	0.9	0.9	1.0	0.9	1.0	0.8	0.8	0.7	1.0	0.9	6
阿迪娜	0.9	0.9	0.9	0.9	1.0	0.9	0.9	1.0	0.9	0.9	0.8	0.8	0.9	8
MF4020	0.9	0.9	0.9	0.9	1.0	0.9	0.8	1.0	0.8	0.7	0.9	0.7	0.9	11
大银河	0.9	0.9	0.9	0.9	0.9	0.9	0.9	0.9	0.9	0.8	0.7	0.7	0.9	17
康赛	0.9	0.9	0.9	0.9	0.9	0.9	0.9	0.9	0.9	0.9	0.9	0.9	0.9	5
擎天柱	0.9	0.9	0.9	0.9	0.9	0.9	0.9	0.9	0.9	0.9	0.8	0.9	0.9	10
甘农3号	1.0	1.0	1.0	1.0	0.9	1.0	0.9	0.9	1.0	0.7	0.9	0.6	0.9	1
甘农4号	0.9	1.0	0.9	0.9	0.9	0.9	0.8	1.0	1.0	0.8	0.3	0.8	0.8	20
WL343HQ	0.9	0.9	0.9	0.9	0.9	0.9	0.9	1.0	0.8	0.8	0.7	0.7	0.9	13
WL354HQ	0.9	0.9	0.9	0.8	0.9	0.9	0.8	1.0	0.9	0.8	0.7	0.9	0.9	15
三得利	1.0	0.9	0.9	0.9	1.0	0.9	1.0	0.8	1.0	0.7	0.9	0.9	3
中苜1号	1.0	0.9	0.9	0.9	1.0	0.9	0.9	0.8	0.9	0.9	0.5	1.0	0.9	7
中苜2号	1.0	0.9	0.9	0.9	0.9	0.9	0.9	1.0	0.9	0.9	0.8	0.6	0.9	16
中苜3号	1.0	0.9	0.9	0.9	0.9	0.9	0.9	1.0	0.9	0.9	0.9	0.9	0.9	9
普沃4.2	1.0	0.9	0.9	0.9	0.9	1.0	0.9	1.0	0.9	0.8	0.7	1.0	0.9	2
SK3010	1.0	0.9	0.9	0.9	1.0	0.9	0.9	0.9	0.9	0.8	0.8	0.6	0.9	14
隆冬	1.0	0.9	0.9	0.8	0.9	0.9	0.9	1.0	0.9	0.8	0.7	0.8	0.9	18
皇后	0.9	0.9	1.0	0.9	1.0	0.9	1.0	0.7	1.0	0.7	0.8	0.9	4
陕北苜蓿	1.0	0.9	0.9	0.9	1.0	0.9	0.8	1.0	0.9	0.7	0.8	0.7	0.9	12

由表4-16可知，不同品种的综合评价结果排序为甘农3号＞普沃4.2＞三得利＞皇后＞康赛＞DS310FY＞中苜1号＞阿迪娜＞中苜3号＞擎天柱＞MF4020＞陕北苜蓿＞WL343HQ＞SK3010＞WL354HQ＞中苜2号＞大银河＞隆冬苜蓿＞敖汉苜蓿＞甘农4号，结果表明甘农3号综合性状最优。

三、讨论

株高是植物生产量的重要指标，客观反映作物的生长趋势。(赵娇阳等，2021) 本试验发现，20 种紫花苜蓿在同一品种条件下，株高均以第 2 茬显著高于第 1 茬。第 1 茬的株高变化范围为 33.7~54.1cm；第 2 茬的株高变化范围为 48.0~64.7cm；第 2 茬的株高变化范围显著高出第 1 茬 0.2~0.42 倍。且第 1 茬与第 2 茬的株高变化与苜蓿品种无显著相关。

茎叶比一定程度上能够反映植物的生长状况和产量潜能。(孙万斌等，2017) 当苜蓿叶片生物量越高于茎生物量，适口性越强，苜蓿叶片中蛋白含量丰富，叶片比例越高，营养价值越高。因此，茎叶比越小代表苜蓿品质越好。本试验中，第 1 茬紫花苜蓿的茎叶比范围为 0.4~1.2；第 2 茬紫花苜蓿的茎叶比范围为 1.1~1.9；第 2 茬的茎叶比显著高出第 1 茬 0.58~1.75 倍。且大多品种的茎叶比均以第 2 茬显著高于第 1 茬。中苜 1 号品种在两茬试验种植中，茎叶比均显著最高。随刈割次数增加，茎生物量提高，叶生物量下降，即苜蓿质量呈下降趋势，与李玉珠等 (2019) 研究结果类似。

干草产量是客观衡量生产性能的指标，是各项指标的综合体现。(吕会刚等，2018) 本试验中，不同紫花苜蓿品种第 1 茬的干草重变化范围为 30.4~86.3kg；第 2 茬的干草重变化范围为 75.2~147.5kg；第 2 茬的干草产量变化范围显著高出第 1 茬 0.7~1.79 倍；同一品种条件下，干草重均以第 2 茬显著高于第 1 茬。同一品种两次刈割的总干重而言，排名前 3 位为中苜 1 号、DS310FY 和普沃 4.2，且以中苜 1 号和 DS310FY 显著最高。

依据农业部制定的苜蓿干草分级标准评价各项营养成分。本试验发现，第 2 茬大多数品种的 CP 含量显著低于第 1 茬；且第 2 茬的 ADL 含量变化范围为 8.3%~10.2%，均显著高于第 1 茬；其余的各项营养成分中，第 2 茬含量变化和第 1 茬的大部分品种间无显著差异；选取紫花苜蓿品种的株高、茎叶比、总干量和营养品质等 12 个生物学特性和营养品质指标进行灰色关联度分析，结果表明甘农 3 号综合性状最优。根据牧草品质评定方法，可认为该牧草属于优质苜蓿干草。

本试验系统比较了榆林片沙覆盖黄土区 20 个引进紫花苜蓿品种种植当年

的生物学特征和营养品质性状，最终通过其综合性状评价筛选出适宜该区域栽培的优质品种，但由于为田间试验，误差相对较大，下一步将重点研究不同苜蓿品种随着生长年限的年季间动态变化规律，为区域紫花苜蓿引种提供科学依据。

四、结论

本试验条件下，甘农3号紫花苜蓿的综合性状相对最优，属于最宜的紫花苜蓿品种，适于在榆林片沙覆盖黄土区特殊的自然环境中种植发展。

第四节　榆林北部风沙草滩区苜蓿品种的生产性能与营养指标的比较研究

一、材料与方法

（一）各供试紫花苜蓿品种及其来源（表4-17）

表4-17　供试紫花苜蓿品种及其原产地

编号	品种	原产地	编号	品种	原产地
1	敖汉	中国	11	WL354HQ	美国
2	DS310FY	美国	12	三得利	法国
3	阿迪娜	加拿大	13	中苜1号	中国
4	MF4020	加拿大	14	中苜2号	中国
5	大银河	法国	15	中苜3号	中国
6	康赛	美国	16	普沃4.2	美国
7	擎天柱	美国	17	SK3010	加拿大
8	甘农3号	中国	18	隆冬	中国
9	甘农4号	中国	19	皇后	美国
10	WL343HQ	美国	20	陕北苜蓿	中国

敖汉、DS310FY、阿迪娜、MF4020、大银河、康赛、擎天柱、甘农3号、甘农4号、WL343HQ、WL354HQ、三得利、普沃4.2、SK3010、隆冬及皇后苜蓿来自宁夏西贝农林牧生态科技有限公司，中首1号、中首2号、中首3号及陕北苜蓿来源于横山区草原工作站。

(二) 试验地概况

试验地位于陕西省榆阳区补浪河那泥滩村水地，东经108°58′，北纬37°49′，地势平坦，北部略高，地处毛乌素沙漠与黄土丘陵沟壑区接壤地带，为风沙草滩区地貌。年平均降水量365.7mm，年平均气温8.1℃，四季分明，光照充足，属于典型的大陆性边缘季风气候。0~30cm土壤耕层的理化性质为：有机质含量为1.23g/kg，全氮含量为0.23g/kg，有效磷含量为13.52mg/kg，速效钾含量为82.65mg/kg，pH值为8.2。

(三) 试验材料与设计

试验采用单因素随机区组设计，选取20种供试紫花苜蓿品种，各品种重复3次。试验各小区面积为6m×4.2m，每个小区起垄高0.1m，四周覆农膜埋深0.3m。本试验拟于2019年5月3日播种，采用条播法，播种量为1.0kg/亩，条间距为30cm，每2条间安装1条滴灌带，定期定额施肥灌溉。建植结束留茬刈割，每茬试验周期为2个月，在现蕾期进行实验数据的收集和整理工作。

(四) 测定指标与方法

1. 生产性能指标

生产指标测定在现蕾期进行。样地采用1m×1m样方调查法，对所在区域内的样本植株齐地刈割，留茬3cm，带回实验室烘干称重即得干草产量。

2. 营养品质指标

将烘干的干草样本用粉草机粉碎，装入塑封袋内，通过近红外光谱仪Spectrastar 1400XT-3（美国Unity公司）进行扫描，使用UScan扫描软件对各品种样本进行扫描和数据信息的采集工作。测定并计算各品种样本的营养品质指标，即NDF（中性洗涤纤维）、ADF（酸性洗涤纤维）、ASH（粗灰分）、CP（粗蛋白）。其余指标含量计算公式如下：

$$干物质采食量：DMI = 120/NDF$$

$$消化的干物质：DDM = 88.9 - 0.779 \times ADF$$

(五) 数据分析与处理

实验数据使用 SPSS 22.0 分析软件对数据进行显著性和标准误的分析处理，WPS Office 进行对数据的整理工作，运用 OriginPro 8.5 软件进行图表的绘制整理。并通过灰色关联度对各项数据指标做综合性分析，计算公式如下。

关联系数：$\varepsilon_i(k) = \dfrac{\min_i \min_k \Delta_i(k) + \rho \max_i \max_k \Delta_i(k)}{\Delta_i(k) + \rho \max_i \max_k \Delta_i(k)}$

绝对离差：$\Delta_i(k) = \left| X_0(k) - X_i(k) \right|$

等权关联度 $(\gamma_i) = \dfrac{1}{n} \sum_{k=1}^{n} \varepsilon_i(k)$

权重系数 $(\omega_i) = \dfrac{\gamma_i}{\sum \gamma_i} i$

加权关联度 $(\gamma_i) = \sum_{k=1}^{n} \omega_i(k) \varepsilon_i(k)$

式中：X 为参试品种，k 为性状，各参试品种 X 在性状 k 处的值构成比较数列 X_i，X_0 取每个指标的最优值作为参考数列。p 分辨率系数 $\rho = 0.5$。

二、结果与分析

(一) 不同苜蓿品种生产性能的研究

由表 4-18 可见，2019 年苜蓿产量均值的变化范围为 232.95~343.64kg，以大银河、擎天柱和 WL343HQ 显著最高（$P < 0.05$），分别为 343.64kg、337.49kg 和 343.20kg；2020 年的产量均值为 297.41~458.35kg，以大银河、擎天柱和三得利显著最高（$P < 0.05$），分别为 458.35kg、457.09kg 和 457.59kg。在两年的干草总均值中，大银河所产的干草产量均值显著最高（$P < 0.05$），为 412.47kg；陕北苜蓿产量显著最低（$P < 0.05$），为 284.99kg。其中，2020 年第一茬苜蓿的干草产量均值显著最高（$P < 0.05$），为 454.71kg，2019 年第二茬的干草产量均值显著最低（$P < 0.05$），为 178.50kg。

表4-18　不同苜蓿品种对干草产量的影响

品种	2019年 第1茬	2019年 第2茬	2020年 第1茬	2020年 第2茬	2020年 第3茬	均值
敖汉	297.15 ± 3.52i	168.75 ± 5.21def	463.80 ± 1.94de	366.52 ± 6.14d	354.93 ± 4.98d	330.23
DS310FY	444.86 ± 3.52d	158.08 ± 2.00fg	465.14 ± 7.30cde	344.17 ± 9.3efg	228.60 ± 10.04h	328.17
阿迪娜	457.91 ± 3.37bcd	198.09 ± 3.61b	478.11 ± 3.07abc	289.64 ± 4.33h	225.78 ± 7.53h	329.91
MF4020	376.89 ± 3.54g	175.42 ± 2.61cd	485.16 ± 3.99ab	408.37 ± 7.92c	284.47 ± 3.76f	346.06
大银河	483.53 ± 4.04a	203.75 ± 2.33b	486.82 ± 3.45a	412.54 ± 9.29c	475.70 ± 5.43a	412.47
康赛	400.85 ± 5.81f	167.75 ± 5.36def	458.14 ± 4.70ef	325.99 ± 3.18g	325.99 ± 3.90e	335.74
擎天柱	449.19 ± 4.95cd	225.78 ± 2.96a	468.88 ± 2.04cde	475.23 ± 7.51a	427.16 ± 6.93c	409.25
甘农3号	469.56 ± 6.99b	185.08 ± 2.65c	428.43 ± 3.86h	285.48 ± 6.37h	316.34 ± 4.27e	336.98
甘农4号	447.89 ± 4.92cd	165.41 ± 4.37def	424.12 ± 5.13hi	355.84 ± 6.76de	155.98 ± 8.14j	309.85
WL343HQ	461.97 ± 6.03bc	224.43 ± 2.96a	469.19 ± 1.87cde	475.25 ± 4.15a	360.52 ± 1.75d	398.27
WL354HQ	366.87 ± 3.54g	185.09 ± 2.89c	408.13 ± 1.17j	333.85 ± 6.07fg	195.66 ± 3.77i	297.92
三得利	447.5 ± 4.67cd	207.42 ± 4.80b	483.79 ± 3.92ab	444.18 ± 7.77b	444.81 ± 4.82b	405.54
中苜1号	443.55 ± 6.12d	173.75 ± 3.18de	449.44 ± 1.74f	283.12 ± 8.32h	185.43 ± 3.49i	307.06
中苜2号	420.88 ± 4.35e	163.07 ± 2.66ef	446.81 ± 6.00fg	414.86 ± 4.49c	225.25 ± 6.44h	334.18
中苜3号	420.54 ± 4.92e	173.75 ± 1.86de	457.15 ± 2.65ef	427.54 ± 2.89bc	272.81 ± 4.68fg	350.36
普沃4.2	402.19 ± 4.64f	172.74 ± 2.41de	435.49 ± 5.92gh	411.55 ± 4.24c	352.72 ± 7.23d	354.94
SK3010	466.23 ± 2.08b	166.41 ± 3.18def	472.46 ± 3.87bcd	351.51 ± 0.88def	428.73 ± 2.98bc	377.07
隆冬	340.51 ± 6.07h	150.07 ± 4.62gh	434.42 ± 2.71gh	255.81 ± 6.35i	262.66 ± 5.47g	288.69
皇后	407.54 ± 4.1ef	160.08 ± 4.05fg	413.64 ± 8.94ij	215.46 ± 7.22j	263.13 ± 7.92d	291.97
陕北苜蓿	374.51 ± 2.97g	145.07 ± 3.61h	465.09 ± 3.05cde	366.52 ± 6.14d	187.13 ± 5.37i	284.99

注：不同小写字母表示不同紫花苜蓿品种在同一处理下差异显著（$P < 0.05$），下表同。

由表4-19可知，2019年苜蓿株高均值的变化范围为37.17~57.25cm，以三得利显著最高（$P < 0.05$），为57.25cm；2020年的株高均值为51.14~84.34cm，以擎天柱显著最高（$P < 0.05$），为84.34cm。在两年的总均值中，三得利的

株高均值显著最高（$P<0.05$），为70.69cm；陕北苜蓿显著最低（$P<0.05$），为46.72cm。其中，2020年第2茬苜蓿的株高均值显著最高（$P<0.05$），为76.57cm，2019年第1茬的株高均值显著最低（$P<0.05$），为42.39cm。

表4-19 不同苜蓿品种对株高的影响

品种	株高(cm) 2019年 第1茬	2019年 第2茬	2020年 第1茬	2020年 第2茬	2020年 第3茬	均值
敖汉	37.77 ± 0.44fg	46.77 ± 1.01gh	71.67 ± 0.32g	68.33 ± 1.88f	55.33 ± 0.88ef	55.97
DS310FY	44.77 ± 0.38bc	48.27 ± 0.67fg	92.50 ± 0.52b	90.67 ± 1.66ab	55.00 ± 1.15ef	66.24
阿迪娜	43.30 ± 0.69cd	42.33 ± 0.67jk	56.10 ± 0.64j	58.43 ± 2.74g	50.67 ± 0.88gh	50.17
MF4020	39.87 ± 0.33e	47.13 ± 1.17gh	69.90 ± 0.12g	70.70 ± 1.20ef	60.73 ± 0.64cd	57.67
大银河	36.93 ± 0.32g	59.17 ± 0.29b	95.57 ± 0.78a	86.90 ± 0.20b	59.67 ± 1.45d	67.65
康赛	33.73 ± 0.19h	40.60 ± 0.06k	82.30 ± 0.92de	78.33 ± 0.93cd	55.67 ± 0.33ef	58.13
擎天柱	46.17 ± 1.01b	40.33 ± 0.42k	92.90 ± 0.87ab	92.50 ± 1.04a	67.63 ± 0.91a	67.91
甘农3号	38.90 ± 0.17ef	50.17 ± 0.24ef	80.40 ± 1.60e	80.30 ± 1.63c	49.00 ± 0.58h	59.75
甘农4号	44.60 ± 0.40bc	49.63 ± 0.09ef	56.47 ± 1.74j	60.37 ± 2.75g	53.33 ± 1.45fg	52.88
WL343HQ	49.23 ± 0.64a	53.63 ± 0.85c	60.20 ± 0.23hi	88.63 ± 2.17ab	54.33 ± 0.67ef	61.21
WL354HQ	49.97 ± 0.84a	51.00 ± 0.57de	71.03 ± 0.34g	70.53 ± 0.45ef	57.67 ± 0.67de	60.04
三得利	45.7 ± 0.82b	68.80 ± 0.85a	87.80 ± 0.69c	87.17 ± 0.90b	64.00 ± 1.15bc	70.69
中首1号	45.57 ± 0.38b	51.23 ± 1.38de	74.97 ± 0.82f	74.53 ± 0.79de	61.00 ± 0.58cd	61.46
中首2号	48.83 ± 1.04a	46.90 ± 0.31gh	75.83 ± 1.16f	75.10 ± 1.28de	55.00 ± 1.00ef	60.33
中首3号	36.90 ± 0.49g	42.07 ± 0.28k	62.83 ± 1.47h	62.13 ± 1.49g	49.67 ± 0.88h	50.72
普沃4.2	40.03 ± 0.74e	52.80 ± 0.46cd	88.87 ± 1.23c	87.03 ± 0.30b	63.00 ± 1.73ab	66.35
SK3010	42.40 ± 0.40d	44.10 ± 0.50ij	84.23 ± 0.55d	87.40 ± 1.62b	44.00 ± 2.31i	60.43
隆冬	37.47 ± 0.91fg	41.97 ± 0.85k	76.87 ± 1.25f	79.27 ± 1.72cd	44.67 ± 1.76i	56.05
皇后	46.00 ± 0.10b	45.60 ± 0.06hi	71.43 ± 0.88g	72.60 ± 1.10ef	64.67 ± 1.45ab	60.06
陕北苜蓿	39.70 ± 0.58e	40.47 ± 0.15k	58.07 ± 0.27ij	60.37 ± 2.52g	35.00 ± 1.15j	46.72

由表4-20可见,2019年苜蓿茎粗均值的变化范围为2.05~3.12mm,以三得利显著最高($P<0.05$),为3.12mm;2020年的茎粗均值为2.26~3.48mm,以中苜2号显著最高($P<0.05$),为3.48mm。在两年的总均值中,三得利的茎粗显著最高($P<0.05$),为3.23mm;陕北苜蓿显著最低($P<0.05$),为2.26mm。其中,2020年第1茬苜蓿的茎粗均值显著最高($P<0.05$),为3.38mm,2019年第1茬和2020年第3茬的茎粗均值显著最低($P<0.05$),为2.41mm。

表4-20 不同苜蓿品种对茎粗的影响

品种	茎粗(mm)					均值
	2019年		2020年			
	第1茬	第2茬	第1茬	第2茬	第3茬	
敖汉	2.65 ± 0.01b	2.58 ± 0.04ij	2.83 ± 0.03m	2.63 ± 0.19f	2.46 ± 0.03ef	2.63
DS310FY	2.98 ± 0.01a	2.88 ± 0.03ef	4.15 ± 0.02a	3.96 ± 0.02a	2.06 ± 0.07g	3.21
阿迪娜	2.97 ± 0.02a	2.56 ± 0.01ij	3.07 ± 0.03jk	2.90 ± 0.05e	1.71 ± 0.05i	2.64
MF4020	2.14 ± 0.02fg	2.78 ± 0.02fg	3.43 ± 0.03gh	2.62 ± 0.02f	2.99 ± 0.03b	2.79
大银河	2.09 ± 0.01fg	3.12 ± 0.01cd	4.00 ± 0.07b	3.96 ± 0.03a	2.09 ± 0.05g	3.05
康赛	2.14 ± 0.01fg	2.62 ± 0.03i	3.37 ± 0.06gh	3.14 ± 0.08d	2.55 ± 0.04de	2.77
擎天柱	2.49 ± 0.02cd	2.87 ± 0.03ef	4.05 ± 0.05ab	3.88 ± 0.04a	2.36 ± 0.07f	3.13
甘农3号	2.33 ± 0.02e	3.08 ± 0.06d	3.72 ± 0.04d	3.57 ± 0.07bc	1.69 ± 0.01i	2.88
甘农4号	2.61 ± 0.06b	2.83 ± 0.04fg	3.01 ± 0.02jkl	2.91 ± 0.04e	1.92 ± 0.06h	2.65
WL343HQ	2.33 ± 0.02e	2.73 ± 0.02gh	3.25 ± 0.01i	3.15 ± 0.04d	2.39 ± 0.05f	2.77
WL354HQ	2.03 ± 0.03g	2.45 ± 0.06k	2.99 ± 0.01kl	2.85 ± 0.03e	2.96 ± 0.03b	2.66
三得利	2.57 ± 0.06bc	3.68 ± 0.03a	3.33 ± 0.03hi	3.64 ± 0.07b	2.94 ± 0.06b	3.23
中苜1号	2.36 ± 0.02e	3.19 ± 0.02c	3.48 ± 0.05fg	3.19 ± 0.33e	2.42 ± 0.03ef	2.93
中苜2号	2.63 ± 0.02b	2.96 ± 0.06e	3.86 ± 0.01c	3.85 ± 0.06a	2.74 ± 0.06c	3.21
中苜3号	2.20 ± 0.08f	2.95 ± 0.04e	3.12 ± 0.02j	2.96 ± 0.01e	2.71 ± 0.04c	2.79
普沃4.2	2.48 ± 0.04cd	2.96 ± 0.03e	3.66 ± 0.05de	3.44 ± 0.04c	2.39 ± 0.02f	2.99
SK3010	2.44 ± 0.05de	2.63 ± 0.01hi	3.58 ± 0.01ef	3.51 ± 0.04bc	3.19 ± 0.03a	3.07

续表

品种	茎粗（mm）					均值
	2019年		2020年			
	第1茬	第2茬	第1茬	第2茬	第3茬	
隆冬苜蓿	2.04 ± 0.03g	2.06 ± 0.02l	3.11 ± 0.04j	2.94 ± 0.03e	2.65 ± 0.05cd	2.56
皇后	2.59 ± 0.05bc	3.40 ± 0.05b	2.92 ± 0.04lm	2.84 ± 0.04e	2.36 ± 0.07f	2.82
陕北苜蓿	2.05 ± 0.06g	2.48 ± 0.03jk	2.70 ± 0.03n	2.54 ± 0.01f	1.55 ± 0.03j	2.26

由表4-21可见，2019年苜蓿叶茎比均值的变化范围为0.56~0.96，以大银河、擎天柱和中苜3号显著最高（$P < 0.05$），分别为0.96、0.95和0.96；2020年的叶茎比均值为0.51~0.80，以隆冬显著最高（$P < 0.05$），为0.80。在两年的总均值中，擎天柱的叶茎比显著最高（$P < 0.05$），为0.86；阿迪娜显著最低（$P < 0.05$），为0.58。其中，2019年第1茬的叶茎比均值显著最高（$P < 0.05$），为0.94，2020年第2茬的叶茎比均值显著最低（$P < 0.05$），为0.56。

表4-21 不同苜蓿品种对叶茎比的影响

品种	叶茎比					均值
	2019年		2020年			
	第1茬	第2茬	第1茬	第2茬	第3茬	
敖汉	0.79 ± 0.03g	0.62 ± 0.02ijk	0.65 ± 0.02def	0.48 ± 0.02e	0.64 ± 0.01def	0.64
DS310FY	0.82 ± 0.03fg	0.83 ± 0.01bcd	0.63 ± 0.02f	0.53 ± 0.01cde	0.51 ± 0.02gh	0.66
阿迪娜	0.76 ± 0.02gh	0.61 ± 0.02ijk	0.43 ± 0.03g	0.66 ± 0.03b	0.44 ± 0.01h	0.58
MF4020	0.92 ± 0.02de	0.84 ± 0.03bc	0.77 ± 0.02bc	0.50 ± 0.08e	0.56 ± 0.05fg	0.72
大银河	1.20 ± 0.01ab	0.73 ± 0.03fg	0.86 ± 0.02ab	0.44 ± 0.01e	0.82 ± 0.02ab	0.81
康赛	1.18 ± 0.03b	0.68 ± 0.02ghi	0.84 ± 0.04abc	0.66 ± 0.01b	0.67 ± 0.03cde	0.80
擎天柱	1.14 ± 0.02de	0.96 ± 0.02a	0.82 ± 0.03abc	0.50 ± 0.03e	0.87 ± 0.06a	0.86
甘农3号	0.88 ± 0.03ef	0.80 ± 0.02cde	0.73 ± 0.03cde	0.63 ± 0.02bcd	0.69 ± 0.02cde	0.75
甘农4号	0.77 ± 0.03g	0.58 ± 0.01k	0.63 ± 0.02f	0.48 ± 0.04e	0.70 ± 0.04cde	0.63
WL343HQ	0.73 ± 0.02gh	0.60 ± 0.01jk	0.62 ± 0.04f	0.49 ± 0.02e	0.64 ± 0.02def	0.62

续表

品种	叶茎比					均值
	2019年		2020年			
	第1茬	第2茬	第1茬	第2茬	第3茬	
WL354HQ	1.03 ± 0.03c	0.68 ± 0.03ghi	0.82 ± 0.03abc	0.61 ± 0.04bcd	0.60 ± 0.04efg	0.75
三得利	1.14 ± 0.03de	0.87 ± 0.03b	0.79 ± 0.02bc	0.49 ± 0.02e	0.68 ± 0.02cde	0.79
中苜1号	0.77 ± 0.05g	0.66 ± 0.02hij	0.64 ± 0.04ef	0.46 ± 0.04e	0.65 ± 0.06def	0.64
中苜2号	0.88 ± 0.04ef	0.76 ± 0.02ef	0.78 ± 0.02bc	0.63 ± 0.02bc	0.71 ± 0.02cd	0.75
中苜3号	1.27 ± 0.02a	0.65 ± 0.02hij	0.92 ± 0.05a	0.65 ± 0.01b	0.76 ± 0.04bc	0.85
普沃4.2	0.99 ± 0.01cd	0.76 ± 0.03def	0.76 ± 0.03bc	0.47 ± 0.04e	0.65 ± 0.03def	0.73
SK3010	0.93 ± 0.03b	0.71 ± 0.02fgh	0.75 ± 0.06cd	0.53 ± 0.01de	0.51 ± 0.03gh	0.68
隆冬	0.92 ± 0.04b	0.63 ± 0.01ijk	0.90 ± 0.04a	0.66 ± 0.03b	0.84 ± 0.03ab	0.79
皇后	1.02 ± 0.03c	0.59 ± 0.02jk	0.82 ± 0.02abc	0.60 ± 0.00bcd	0.64 ± 0.00def	0.73
陕北苜蓿	0.67 ± 0.02h	0.45 ± 0.011	0.75 ± 0.04bc	0.77 ± 0.06a	0.71 ± 0.02cd	0.67

(二) 不同苜蓿品种营养指标的研究

由表4-22可见，2019年苜蓿中性洗涤纤维均值的变化范围为38.28%~42.80%，以SK3010显著最高（$P < 0.05$），为42.80%；2020年的中性洗涤纤维均值为35.82%~40.38%，以中苜1号和SK3010显著最高（$P < 0.05$），为40.04%和40.38%。在两年的总均值中，SK3010的中性洗涤纤维显著最高（$P < 0.05$），为41.35%；皇后显著最低（$P < 0.05$），为36.8%。其中，2019年第1茬的中性洗涤纤维均值显著最高（$P < 0.05$），为41.54%，2020年第2茬的中性洗涤纤维均值显著最低（$P < 0.05$），为37.28%。

表4-22 不同苜蓿品种对中性洗涤纤维的影响

品种	中性洗涤纤维（%）					均值
	2019年		2020年			
	第1茬	第2茬	第1茬	第2茬	第3茬	
敖汉	44.73 ± 0.05bc	40.35 ± 0.23e	40.72 ± 0.15b	35.24 ± 0.2h	40.8 ± 0.13ab	40.37

续表

品种	中性洗涤纤维（%）					均值
	2019年		2020年			
	第1茬	第2茬	第1茬	第2茬	第3茬	
DS310FY	39.63 ± 0.09h	37.65 ± 0.17j	38.64 ± 0.13ef	40.08 ± 0.29a	39.63 ± 0.1c	39.12
阿迪娜	45.24 ± 0.06a	39.24 ± 0.04fgh	38.95 ± 0.26ef	36.36 ± 0.29g	37.91 ± 0.27f	39.54
MF4020	38.77 ± 0.04i	39.14 ± 0.09gh	38.59 ± 0.3f	36.38 ± 0.12g	37.86 ± 0.14f	38.15
大银河	37.79 ± 0.04j	40.97 ± 0.18d	40.6 ± 0.26b	36.58 ± 0.16fg	40.23 ± 0.15b	39.23
康赛	38.75 ± 0.04i	38.34 ± 0.27i	37.32 ± 0.46gh	37.32 ± 0.22ef	36.29 ± 0.14gh	37.60
擎天柱	39.99 ± 0.13h	42.59 ± 0.18b	40.21 ± 0.26bc	38.47 ± 0.25bc	37.76 ± 0.09f	39.80
甘农3号	44.56 ± 0.25c	38.3 ± 0.15i	37.15 ± 0.12gh	37.9 ± 0.1cde	35.67 ± 0.33ij	38.71
甘农4号	41.22 ± 0.09f	38.4 ± 0.11i	37.29 ± 0.19gh	37.17 ± 0.08ef	36.47 ± 0.21gh	38.11
WL343HQ	42.71 ± 0.05d	39.53 ± 0.12fg	39.27 ± 0.23def	37.17 ± 0.16ef	39.35 ± 0.16cd	39.61
WL354HQ	44.82 ± 0.05abc	38.72 ± 0.27hi	38.85 ± 0.11ef	37.58 ± 0.05e	38.67 ± 0.03e	39.73
三得利	42.74 ± 0.06d	40.95 ± 0.04d	39.93 ± 0.53bcd	38.4 ± 0.13bcd	38.9 ± 0.18de	40.18
中苜1号	39.75 ± 0.05h	39.79 ± 0.13f	40.29 ± 0.12bc	38.69 ± 0.16b	41.13 ± 0.25a	39.93
中苜2号	42.36 ± 0.04d	41.76 ± 0.25c	39.56 ± 0.27cde	37.21 ± 0.21ef	36.68 ± 0.33g	39.51
中苜3号	41.8 ± 0.04e	39.47 ± 0.09fg	38.69 ± 0.09ef	37.31 ± 0.24ef	37.57 ± 0.08f	38.97
普沃4.2	42.57 ± 0.16d	37.41 ± 0.2jk	37.24 ± 0.18gh	37.73 ± 0.37de	36.52 ± 0.1gh	38.29
SK3010	40.78 ± 0.27g	44.82 ± 0.07a	42.65 ± 0.8a	37.67 ± 0.31de	40.81 ± 0.17ab	41.35
隆冬	38 ± 0.15j	41.32 ± 0.14cd	40.61 ± 0.08b	34.23 ± 0.36i	39.57 ± 0.18c	38.75
皇后	39.67 ± 0.42h	36.89 ± 0.33k	36.43 ± 0.09h	35.05 ± 0.24h	35.98 ± 0.33hi	36.80
陕北苜蓿	45.04 ± 0.12ab	39.69 ± 0.35fg	37.4 ± 0.04g	39.08 ± 0.39b	35.12 ± 0.28j	39.27

由表4-23可见，2019年苜蓿酸性洗涤纤维均值的变化范围为28.81%~32.76%，以SK3010显著最高（$P < 0.05$），为32.76%；2020年的酸性洗涤纤维均值为27.08%~31.20%，以SK3010显著最高（$P < 0.05$），为31.20%。在两年的总均值中，SK3010的酸性洗涤纤维显著最高（$P < 0.05$），为31.82%；皇后显著最低（$P < 0.05$），为27.94%。其中，2019年第2茬的酸性洗涤纤维均值

显著最高（$P<0.05$），为30.96%，2020年第2茬的酸性洗涤纤维均值显著最低（$P<0.05$），为28.56%。

表4-23　不同苜蓿品种对酸性洗涤纤维的影响

品种	酸性洗涤纤维（%）					均值
	2019年		2020年			
	第1茬	第2茬	第1茬	第2茬	第3茬	
敖汉	33.54 ± 0.21a	31.09 ± 0.5de	30.72 ± 0.18bcd	27.66 ± 0.07gh	30.35 ± 0.18a	30.67
DS310FY	29.36 ± 0.10ef	28.29 ± 0.09i	29.30 ± 0.30fgh	29.96 ± 0.13a	29.64 ± 0.13bc	29.31
阿迪娜	33.36 ± 0.08a	30.57 ± 0.27de	29.52 ± 0.21fg	28.75 ± 0.05cde	28.47 ± 0.18fgh	30.13
MF4020	29.48 ± 0.87ef	30.25 ± 0.36efg	29.54 ± 0.32fg	27.55 ± 0.07gh	28.82 ± 0.35fg	29.13
大银河	28.62 ± 0.25fg	31.37 ± 0.10d	31.26 ± 0.13bcd	27.99 ± 0.24efg	30.16 ± 0.21ab	29.88
康赛	28.06 ± 0.24gh	29.56 ± 0.36fgh	28.65 ± 0.45hi	28.67 ± 0.12cde	27.41 ± 0.24ij	28.47
擎天柱	29.47 ± 0.34ef	32.43 ± 0.32c	30.44 ± 0.32de	29.91 ± 0.13ab	28.89 ± 0.15efg	30.23
甘农3号	32.85 ± 0.04a	29.22 ± 0.44h	28.27 ± 0.38ig	28.87 ± 0.10cd	27.27 ± 0.24j	29.30
甘农4号	30.13 ± 0.16de	29.52 ± 0.37fgh	28.79 ± 0.54ghi	28.54 ± 0.10def	27.08 ± 0.06j	28.81
WL343HQ	31.28 ± 0.39bc	30.69 ± 0.01de	29.86 ± 0.15ef	28.45 ± 0.13def	28.69 ± 0.14fg	29.79
WL354HQ	32.00 ± 0.24b	30.37 ± 0.20ef	29.78 ± 0.07ef	27.87 ± 0.10fg	29.12 ± 0.11cde	29.83
三得利	31.48 ± 0.28bc	32.91 ± 0.43bc	30.96 ± 0.39bcd	29.19 ± 0.52bcd	28.81 ± 0.21fg	30.67
中苜1号	29.45 ± 0.33ef	30.54 ± 0.33de	30.55 ± 0.06cde	28.89 ± 0.45cd	30.54 ± 0.23a	29.99
中苜2号	31.23 ± 0.17bc	33.27 ± 0.20bc	31.30 ± 0.18bc	28.54 ± 0.06def	27.99 ± 0.24hi	30.47
中苜3号	30.72 ± 0.07cd	30.16 ± 0.11efg	29.22 ± 0.05fgh	29.43 ± 0.27abc	28.30 ± 0.20gh	29.56
普沃4.2	31.08 ± 0.19bc	29.35 ± 0.28gh	28.25 ± 0.16ig	28.57 ± 0.39def	27.18 ± 0.16j	28.88
SK3010	29.57 ± 0.29ef	35.94 ± 0.16a	33.84 ± 0.24a	29.00 ± 0.19cd	30.74 ± 0.10a	31.82
隆冬	27.69 ± 0.14h	33.38 ± 0.05b	31.45 ± 0.04b	26.79 ± 0.24i	29.51 ± 0.11cd	29.77
皇后	29.52 ± 0.27ef	28.92 ± 0.23hi	27.67 ± 0.03g	27.14 ± 0.24hi	26.43 ± 0.19k	27.94
陕北苜蓿	33.43 ± 0.14a	31.43 ± 0.31d	28.49 ± 0.13hi	29.44 ± 0.30abc	26.22 ± 0.45k	29.80

由表4-24可见，2019年苜蓿干物质均值的变化范围为63.38%~66.45%，

以 DS310FY、康赛和皇后显著最高（$P < 0.05$），分别为 66.45%、66.45% 和 66.14%；2020 年的干物质均值为 64.60%~67.80%，以皇后显著最高（$P < 0.05$），为 67.80%。在两年的总均值中，皇后的干物质显著最高（$P < 0.05$），为 67.14%；SK3010 显著最低（$P < 0.05$），为 64.11%。其中，2020 年第 2 茬的干物质均值显著最高（$P < 0.05$），为 66.65%，2019 年第 2 茬的干物质均值显著最低（$P < 0.05$），为 64.78%。

表 4-24　不同苜蓿品种对干物质的影响

品种	干物质（%） 2019年 第1茬	2019年 第2茬	2020年 第1茬	2020年 第2茬	2020年 第3茬	均值
敖汉	62.77 ± 0.16h	64.69 ± 0.39ef	64.97 ± 0.14ghi	67.36 ± 0.06bc	65.26 ± 0.14j	65.01
DS310FY	66.03 ± 0.08cd	66.86 ± 0.07a	66.08 ± 0.24cde	65.56 ± 0.10i	65.81 ± 0.10hi	66.07
阿迪娜	62.92 ± 0.06h	65.09 ± 0.21ef	65.91 ± 0.16de	66.51 ± 0.04fg	66.72 ± 0.14def	65.43
MF4020	65.93 ± 0.67cd	65.34 ± 0.28cde	65.89 ± 0.25de	67.44 ± 0.06bc	66.44 ± 0.27ef	66.21
大银河	66.60 ± 0.19bc	64.47 ± 0.08f	64.55 ± 0.10hi	67.09 ± 0.19cde	65.41 ± 0.17ij	65.62
康赛	67.04 ± 0.19ab	65.87 ± 0.28bcd	66.58 ± 0.35bc	66.57 ± 0.09fg	67.55 ± 0.19bc	66.72
擎天柱	65.94 ± 0.26cd	63.64 ± 0.25g	65.19 ± 0.25fg	65.60 ± 0.10i	66.39 ± 0.12efg	65.35
甘农 3 号	63.31 ± 0.03h	66.14 ± 0.35b	66.88 ± 0.30ab	66.41 ± 0.08fgh	67.66 ± 0.19b	66.08
甘农 4 号	65.43 ± 0.13de	65.91 ± 0.29bcd	66.47 ± 0.42bcd	66.67 ± 0.08efg	67.81 ± 0.05b	66.46
WL343HQ	64.53 ± 0.30fg	65.00 ± 0.01ef	65.64 ± 0.12ef	66.74 ± 0.10def	66.55 ± 0.11ef	65.69
WL354HQ	63.97 ± 0.19g	65.24 ± 0.16de	65.70 ± 0.05ef	67.19 ± 0.08cd	66.22 ± 0.09fgh	65.66
三得利	64.38 ± 0.22fg	63.26 ± 0.34gh	64.79 ± 0.31ghi	66.16 ± 0.40gh	66.46 ± 0.16ef	65.01
中苜 1 号	65.96 ± 0.26cd	65.11 ± 0.26ef	65.10 ± 0.05fgh	66.39 ± 0.35fgh	65.11 ± 0.18j	65.53
中苜 2 号	64.57 ± 0.14fg	62.98 ± 0.16gh	64.52 ± 0.14hi	66.67 ± 0.05efg	67.10 ± 0.18cd	65.17
中苜 3 号	64.97 ± 0.05ef	65.41 ± 0.08cde	66.14 ± 0.04cde	65.98 ± 0.21hi	66.85 ± 0.16de	65.87
普沃 4.2	64.69 ± 0.15fg	66.04 ± 0.22bc	66.89 ± 0.12ab	66.64 ± 0.30efg	67.73 ± 0.12b	66.40
SK3010	65.86 ± 0.23cd	60.90 ± 0.13i	62.54 ± 0.19j	66.31 ± 0.15fgh	64.95 ± 0.08j	64.11

续表

品种	干物质（%）					均值
	2019年		2020年			
	第1茬	第2茬	第1茬	第2茬	第3茬	
隆冬	67.33 ± 0.11a	62.90 ± 0.04h	64.40 ± 0.03i	68.03 ± 0.18a	65.91 ± 0.09ghi	65.71
皇后	65.91 ± 0.21cd	66.37 ± 0.18ab	67.34 ± 0.02a	67.75 ± 0.18ab	68.31 ± 0.15a	67.14
陕北苜蓿	62.86 ± 0.11h	64.42 ± 0.24f	66.70 ± 0.10bc	65.97 ± 0.23hi	68.48 ± 0.35a	65.69

由表 4-25 可见，2019 年苜蓿粗灰分均值的变化范围为 11.45%~13.36%，以 SK3010 显著最高（$P < 0.05$），为 13.36%；2020 年的粗灰分均值为 10.41%~11.30%，以 SK3010 显著最高（$P < 0.05$），为 11.30%。在两年的总均值中，SK3010 的粗灰分显著最高（$P < 0.05$），为 12.12%；中苜 1 号显著最低（$P < 0.05$），为 10.93%。其中，2019 年第 2 茬的粗灰分均值显著最高（$P < 0.05$），为 12.13%，2020 年第 2 茬的粗灰分均值显著最低（$P < 0.05$），为 10.47%。

表 4-25 不同苜蓿品种对粗灰分的影响

品种	粗灰分（%）					均值
	2019年		2020年			
	第1茬	第2茬	第1茬	第2茬	第3茬	
敖汉	12.25 ± 0.34bc	11.64 ± 0.08ij	11.09 ± 0.08ghi	10.73 ± 0.06bc	10.58 ± 0.05ef	11.26
DS310FY	11.81 ± 0.09cd	12.26 ± 0.06ef	11.43 ± 0.08ef	9.38 ± 0.05j	10.64 ± 0.06def	11.10
阿迪娜	12.07 ± 0.06bcd	11.97 ± 0.06gh	11.43 ± 0.07ef	10.56 ± 0.11cde	10.68 ± 0.12de	11.34
MF4020	12.19 ± 0.12bc	11.70 ± 0.08ij	11.28 ± 0.06efg	10.38 ± 0.02efg	10.65 ± 0.08def	11.24
大银河	11.92 ± 0.03bcd	11.49 ± 0.07j	11.03 ± 0.07hi	10.85 ± 0.05ab	10.67 ± 0.09de	11.19
康赛	11.73 ± 0.05d	11.99 ± 0.08gh	11.73 ± 0.06cd	10.10 ± 0.10hi	11.39 ± 0.11a	11.39
擎天柱	11.90 ± 0.06bcd	13.08 ± 0.07b	11.98 ± 0.08b	10.69 ± 0.07bcd	10.93 ± 0.07c	11.72
甘农 3 号	11.86 ± 0.29bcd	11.23 ± 0.04k	11.32 ± 0.08efg	10.89 ± 0.03ab	11.37 ± 0.09a	11.33
甘农 4 号	11.26 ± 0.10e	11.64 ± 0.07ij	11.29 ± 0.1efg	10.26 ± 0.06gh	11.27 ± 0.08ab	11.14
WL343HQ	12.78 ± 0.08a	12.11 ± 0.12fg	11.36 ± 0.06ef	10.30 ± 0.02fgh	10.41 ± 0.09fg	11.39

续表

品种	粗灰分（%）					均值
	2019年		2020年			
	第1茬	第2茬	第1茬	第2茬	第3茬	
WL354HQ	11.81 ± 0.05cd	12.45 ± 0.08de	11.52 ± 0.06de	10.43 ± 0.08efg	10.59 ± 0.10ef	11.36
三得利	12.94 ± 0.09a	12.50 ± 0.02d	11.84 ± 0.07bc	10.39 ± 0.06efg	11.07 ± 0.07bc	11.75
中苜1号	11.88 ± 0.10bcd	11.52 ± 0.05j	10.97 ± 0.09i	10.05 ± 0.06i	10.21 ± 0.05g	10.93
中苜2号	12.27 ± 0.06b	12.18 ± 0.15fg	11.51 ± 0.14de	10.48 ± 0.05def	10.93 ± 0.04c	11.48
中苜3号	12.20 ± 0.07bc	11.78 ± 0.09hi	11.24 ± 0.05fgh	10.50 ± 0.12def	10.85 ± 0.04cd	11.31
普沃4.2	11.82 ± 0.10cd	11.62 ± 0.05ij	11.3 ± 0.1efg	10.40 ± 0.08efg	10.97 ± 0.07c	11.22
SK3010	11.95 ± 0.1bcd	14.76 ± 0.04a	12.63 ± 0.07a	10.72 ± 0.05bc	10.57 ± 0.1ef	12.12
隆冬	12.06 ± 0.04bcd	12.80 ± 0.02c	11.82 ± 0.05bc	11.01 ± 0.04a	10.88 ± 0.06cd	11.72
皇后	11.97 ± 0.13bcd	12.20 ± 0.07fg	11.75 ± 0.06bc	10.58 ± 0.06cde	11.32 ± 0.05a	11.56
陕北苜蓿	12.06 ± 0.15bcd	11.68 ± 0.01ij	11.45 ± 0.04ef	10.76 ± 0.05bc	11.22 ± 0.08ab	11.43

由表4-26可见，2019年苜蓿粗蛋白均值的变化范围为20.34%~22.07%，以擎天柱和甘农3号显著最高（$P < 0.05$），分别为22.06%和22.07%；2020年的粗蛋白均值为22.23%~23.69%，以甘农4号显著最高（$P < 0.05$），为23.69%。在两年的总均值中，甘农3号的粗蛋白显著最高（$P < 0.05$），为22.86%；大银河显著最低（$P < 0.05$），为21.60%。其中，2020年第2茬的粗蛋白均值显著最高（$P < 0.05$），为23.68%，2019年第2茬的粗蛋白均值显著最低（$P < 0.05$），为20.38%。

表4-26 不同苜蓿品种对粗蛋白的影响

品种	粗蛋白（%）					均值
	2019年		2020年			
	第1茬	第2茬	第1茬	第2茬	第3茬	
敖汉苜蓿	22.66 ± 0.08c	19.65 ± 0.09hi	21.35 ± 0.11g	25.64 ± 0.07b	22.86 ± 0.07fgh	22.43
DS310FY	21.85 ± 0.06gh	21.41 ± 0.03b	22.39 ± 0.03bc	22.16 ± 0.11j	23.36 ± 0.09de	22.23

续表

品种	粗蛋白（%）					均值
	2019年		2020年			
	第1茬	第2茬	第1茬	第2茬	第3茬	
阿迪娜	21.25 ± 0.06i	20.18 ± 0.04fg	21.50 ± 0.30efg	24.91 ± 0.04c	23.74 ± 0.06c	22.32
MF4020	22.55 ± 0.10cd	20.18 ± 0.09fg	21.39 ± 0.08fg	24.50 ± 0.06d	22.78 ± 0.09ghi	22.28
大银河	21.62 ± 0.05h	19.67 ± 0.09hi	20.88 ± 0.04h	23.80 ± 0.18e	22.02 ± 0.09k	21.60
康赛	22.23 ± 0.09def	20.45 ± 0.12def	22.15 ± 0.30cd	22.34 ± 0.05j	24.23 ± 0.09b	22.28
擎天柱	21.89 ± 0.21fgh	22.23 ± 0.16a	22.69 ± 0.13ab	22.75 ± 0.11i	23.55 ± 0.27cd	22.62
甘农3号	22.71 ± 0.06bc	21.43 ± 0.10b	22.87 ± 0.09a	23.03 ± 0.10hi	24.27 ± 0.12b	22.86
甘农4号	21.29 ± 0.10i	20.38 ± 0.13ef	22.43 ± 0.11bc	24.35 ± 0.05d	24.30 ± 0.13b	22.55
WL343HQ	22.76 ± 0.10bc	20.72 ± 0.08cd	21.77 ± 0.05def	23.36 ± 0.17fgh	22.52 ± 0.03ij	22.23
WL354HQ	20.63 ± 0.11j	20.04 ± 0.07g	21.82 ± 0.04de	23.24 ± 0.17fgh	23.62 ± 0.04cd	21.87
三得利	22.67 ± 0.10c	19.60 ± 0.12i	21.81 ± 0.09de	23.62 ± 0.11ef	24.19 ± 0.06b	22.38
中苜1号	22.14 ± 0.10efg	19.98 ± 0.08g	21.57 ± 0.07efg	23.40 ± 0.11fgh	23.10 ± 0.09ef	22.04
中苜2号	21.82 ± 0.06gh	19.30 ± 0.13j	21.33 ± 0.06g	23.78 ± 0.05e	23.09 ± 0.09efg	21.86
中苜3号	22.46 ± 0.08cde	20.83 ± 0.05c	22.09 ± 0.06cd	23.09 ± 0.02hi	23.24 ± 0.11e	22.34
普沃4.2	21.91 ± 0.28fgh	20.52 ± 0.11de	21.84 ± 0.09de	23.48 ± 0.21efg	23.13 ± 0.07ef	22.18
SK3010	21.83 ± 0.09gh	20.57 ± 0.06cde	21.53 ± 0.14efg	23.21 ± 0.21gh	22.24 ± 0.04jk	21.88
隆冬	22.45 ± 0.07cde	19.91 ± 0.05gh	21.30 ± 0.05g	26.09 ± 0.08a	22.70 ± 0.05hi	22.49
皇后	23.04 ± 0.07ab	20.05 ± 0.09g	21.53 ± 0.03efg	24.55 ± 0.10d	23.04 ± 0.05efg	22.44
陕北苜蓿	23.11 ± 0.12a	20.42 ± 0.05ef	22.89 ± 0.14a	22.23 ± 0.14j	25.03 ± 0.11a	22.74

由表4-27可见，2019年苜蓿相对饲喂价值均值的变化范围为138.33%~161.01%，以DS310FY、康赛和皇后显著最高（$P < 0.05$），分别为160.10%、160.40%和161.01%；2020年的相对饲喂价值均值为149.44%~176.16%，以皇后显著最高（$P < 0.05$），为176.16%。在两年的总均值中，皇后的相对饲喂价值显著最高（$P < 0.05$），为170.10%；SK3010显著最低（$P < 0.05$），为144.99%。其中，2020年第2茬的相对饲喂价值均值显著最高（$P < 0.05$），为166.61%，

2019年第1茬的相对饲喂价值均值显著最低（$P < 0.05$），为146.32%。

表4-27　不同苜蓿品种对相对饲喂价值的影响

品种	相对饲喂价值（%）					均值
	2019年		2020年			
	第1茬	第2茬	第1茬	第2茬	第3茬	
敖汉	130.55±0.41ijk	149.13±1.70gh	148.43±0.50e	177.81±0.86b	148.80±0.76gh	150.94
DS310FY	155.00±0.54d	165.20±0.92a	159.09±0.26c	152.17±1.31ij	154.49±0.50f	157.19
阿迪娜	129.36±0.30k	154.29±0.46def	157.41±1.41c	170.19±1.40cde	163.73±1.53d	154.99
MF4020	158.22±1.68c	155.30±1.04de	158.85±1.82c	172.46±0.72c	163.26±1.22d	161.62
大银河	163.96±0.57a	146.39±0.78hi	147.90±0.77e	170.61±0.89cd	151.24±0.70g	156.02
康赛	160.95±0.57b	159.84±1.77bc	166.04±2.87b	165.95±0.92ef	173.16±1.04c	165.19
擎天柱	153.41±0.63d	139.01±0.60k	150.81±1.47e	158.66±1.05i	163.55±0.52d	153.09
甘农3号	132.18±0.77ij	160.63±1.49b	167.48±1.19b	163.01±0.57fgh	176.50±2.11b	159.96
甘农4号	147.68±0.59f	159.67±0.23bc	165.82±1.3b	166.83±0.38def	172.98±1.01c	162.60
WL343HQ	140.56±0.67h	152.94±0.46ef	155.48±1.18cd	167.03±0.93def	157.34±0.43ef	154.67
WL354HQ	132.78±0.54i	156.75±1.46cd	157.30±0.56c	166.30±0.31def	159.31±0.07e	154.49
三得利	140.13±0.65h	143.70±0.68ij	151.01±2.67e	160.27±1.31ghi	158.93±0.82e	150.81
中苜1号	154.36±0.59d	152.24±1.06efg	150.31±0.57c	159.63±1.06hi	147.26±1.32h	152.76
中苜2号	141.79±0.19h	140.31±1.19k	151.73±1.29de	166.70±1.02def	170.18±1.75c	154.14
中苜3号	144.57±0.14g	154.14±0.56def	159.02±0.47c	164.52±1.58fg	165.53±0.26d	157.56
普沃4.2	141.38±0.85h	164.24±1.06a	167.10±1.11b	164.35±2.30fg	172.51±0.16c	161.92
SK3010	150.26±1.52e	126.40±0.061	136.50±2.76f	163.77±1.68fgh	148.04±0.70gh	144.99
隆冬	164.81±0.91a	141.60±0.38jk	147.51±0.28e	184.94±2.33a	154.97±0.92f	158.76
皇后	154.60±2.12d	167.41±1.92a	171.95±0.48a	179.86±1.67b	176.66±2.00b	170.10
陕北苜蓿	129.83±0.58jk	151.01±1.87fg	165.90±0.28b	157.08±2.12i	181.38±1.41a	157.04

（三）灰色关联度分析

由表4-28可知，通过对不同苜蓿品种的生产性能与营养指标的对比研究，结果显示，紫花苜蓿综合性状排名前三的品种为大银河、皇后和擎天柱。

表 4-28 灰色关联度分析

编号	品种	加权关联度	排序	编号	品种	加权关联度	排序
1	敖汉	0.6699	19	11	WL354HQ	0.6931	16
2	DS310FY	0.7868	7	12	三得利	0.7910	5
3	阿迪娜	0.6765	17	13	中苜 1 号	0.7195	15
4	MF4020	0.7577	10	14	中苜 2 号	0.7199	14
5	大银河	0.8118	1	15	中苜 3 号	0.7636	8
6	康赛	0.7960	4	16	普沃 4.2	0.7891	6
7	擎天柱	0.7968	3	17	SK3010	0.6645	20
8	甘农 3 号	0.7631	9	18	隆冬	0.7221	13
9	甘农 4 号	0.7473	11	19	皇后	0.8101	2
10	WL343HQ	0.7309	12	20	陕北苜蓿	0.6740	18

关联度越大，则参试材料越接近参考组合，其综合性状评价表现越优；关联度越小，表明参试材料越远离参考组合，综合性状表现越差。

三、讨论

(一) 生产性能

干草产量指单位面积内地上部分的植株生长量，反映植物的生长活力，是生物承载量的直接表达，干草产量越高，可载生物量越高。本研究表明，大银河在干草产量方面具有优势，较其他品种而言，该品种的干草产出较为稳定。

株高直观反映植株的生长态势，植株越高，代表植物生长能力越旺盛，光合作用能力越强，所储备的营养物质越丰富。试验发现，随着茬数的增加，株高出现逐茬递增的趋势，在第五茬有所下降。三得利在株高方面保持显著优势。

茎粗是反映植株支撑力的关键性指标，茎粗数值越大，表示植物的抗倒伏能力越强，生长适应性越强。试验发现，茎粗在前三茬稳定增长，随着茬数的再增加，茎粗出现稳定回落趋势。三得利的抗倒伏能力较强，生长性能趋于稳定。

叶茎比是反映植株适口性的重要指标，植株叶片与茎的比值越高，适口性能越好，反之则越差。试验发现，随着茬数的增加，叶茎比呈现规律性增减变化，隔茬增加，叶茎比递减。中苜3号在叶茎比方面具有显著优势，适口性能最佳。

（二）营养指标

中性洗涤纤维指不溶于中性洗涤剂的细胞壁组分，与饲草品质呈反比，是影响动物采食率的重要指标。研究显示，随着茬数的增加，中性洗涤纤维呈现降低趋势，即紫花苜蓿随着种植时间的增加和茬数的增加，动物采食率在不断提高。皇后在中性洗涤纤维方面具显著优势。

酸性洗涤纤维包括纤维素、木质素和硅酸盐等物质，与动物消化率呈反比。研究显示，第2茬酸性洗涤纤维较第1茬有略微增加趋势，随后呈现逐渐降低趋势。皇后在酸性洗涤纤维方面具有显著优势。

干物质是形成饲草产量的有效物质，能客观反映植物养分的吸收状况。研究显示，随着茬数的不断增加，干物质含量呈现先下降后上升，逐渐趋于平缓趋势。皇后最具品种优势，能有效提高苜蓿产量，积累更多的养分和营养物质。

粗灰分是饲草中矿质含量的有效表达，反映生长的土质环境和气候特征，含量过高会影响动物的生长发育，代表饲草品质越差。研究显示，随着种植茬数的增加，粗灰分含量呈现先增加后减少、再增加的趋势。SK3010的矿质含量趋于稳定，品质较高。

粗蛋白是牧草的重要品质指标，含量越高，牧草价值越高。研究显示，随着茬数的增加，粗蛋白含量呈现先下降后上升的趋势。甘农3号在粗蛋白方面具有品种优势，富含的纯蛋白质和非蛋白质含氮物较高，营养价值更丰富。

相对饲喂价值是评定牧草品质的有效方法，当苜蓿干草的相对饲用价值含量超过100时，说明干草品质较高。研究显示，随着种植茬数的增加，相对饲用价值不断增加，种植四茬后趋于略微下降趋势。皇后在相对饲喂价值方面具有优势，品质更高。

四、结论

随着苜蓿茬数的不断增加，干草产量在植建当年呈现先增后减，株高和茎粗在种植四茬后均不断递减，表明紫花苜蓿的生产性能在种植四茬后有减弱趋势。中性洗涤纤维和酸性洗涤纤维均呈下降趋势，干物质小幅下降后升高，相对饲喂价值在四茬后趋于下降，表明随着茬数的增加，紫花苜蓿的营养品质在不断提高。试验采用灰色关联度分析法，通过对不同苜蓿品种的各项生产性能和营养指标的综合性分析，对20种紫花苜蓿进行综合排序，排名前三的苜蓿品种为大银河、皇后和擎天柱。

第五章 施肥对紫花苜蓿综合性状的影响

第一节 施肥对紫花苜蓿生产性能的影响

一、试验地概况

榆林市位于陕西省最北部的风沙草滩区，是榆林沙地紫花苜蓿的主要种植区域。试验地位于榆林现代农业科技示范区，地处榆林市牛家梁镇榆卜界村，东经109°45′，北纬38°22′，平均海拔1200m，属于温带半干旱大陆性季风气候，四季分明，日照时间长，无霜期约150天，年平均气温8.6℃，有效积温2847~3428℃，年平均降水量450mm左右，集中在7~9月。供试土壤类型为风沙土，pH为8.2，地势平坦，地下水位较高，便于灌溉，肥力水平中等，有机质含量为3.59g/kg，全氮含量为0.36g/kg，碱解氮含量为48.90mg/kg，有效磷含量为13.95mg/kg，速效钾含量为87.0mg/kg。

二、材料与方法

(一) 试验材料

供试品种为甘农4号和中苜3号，购于北京正道种业有限公司。中苜3号有侧根发达、生长迅速、分枝多、高产和早熟、耐盐等特点；甘农4号株型直立，节间较长，生长速度快，适宜在黄土高原降水量400~650mm地区种植。两个品种目前在榆林市种植面积较大，产量较高。供试肥料氮肥为尿素（含N≥43%）、磷肥为过磷酸钙（含P_2O_5≥8%）、钾肥为硫酸钾（含K_2O≥52%），购于榆林市庄稼汉肥料直销店。

(二) 试验方法

供试紫花苜蓿品种设置8个处理 (表5-1),即8种肥料组合方案 (CK、N、K、P、NP、NK、PK、NPK),每个小区面积为8m² (2m×4m),3次重复。试验采取随机区组设计,于2020年5月29日播种,人工开沟进行条播,行距为20cm,播种深度为1~2cm,播种量为18kg/hm²,采用人工铺设地上滴灌带的方式进行灌溉,滴灌带间距设置60cm。施肥量为N:180kg/hm²,P_2O_5:210kg/hm²,K_2O:150kg/hm²,施肥方式为人工撒肥。试验期间统一田间管理,适时除草。2020年为种植第一年,为保证越冬率2020年末未刈割,于2021年4月1日返青。2020年于拔节期一次性施入全部肥量,2021年共计刈割3茬,在第1茬的拔节期施入全部肥量,第2茬不施肥,第3茬在拔节期施入总肥量的30%,在每一茬的现蕾期刈割,采用人工刈割方式,留茬高度3~5cm,每个试验小区刈割样方20cm×30cm,3次重复。

表5-1 不同氮磷钾肥料配施处理

处理	施肥量 (kg/hm²)		
	氮肥 (N)	磷肥 (P_2O_5)	钾肥 (K_2O)
CK	0	0	0
N	180	0	0
P	0	210	0
K	0	0	150
NK	180	0	150
NP	180	210	0
PK	0	210	150
NPK	180	210	150

(三) 测定指标与方法

1. 株高、茎粗、茎叶比

在每一茬的现蕾期 (2020年8月3日,2021年5月31日,2021年7月15日,2021年8月11日),每个试验小区随机选取5株植株,每个肥料处理共计15株,将样株刈割后拉直用钢卷尺测量垂直高度,用电子游标卡尺在每株样株尾部1cm处测取茎粗。将样株带回实验室后进行茎叶分离，分别装袋，放入80℃烘箱中烘干至恒重，称取茎和叶干重，并计算茎叶比。

$$茎叶比 = 茎干重（g）/ 叶干重（g）$$

2. 生长速度

自2020年6月17日出苗起计算，至2020年现蕾期（2020年8月3日）刈割，共计48天，2021年返青后（2021年4月10日）计算，分别于2021年5月31日、2021年7月11日、2021年8月11日进行刈割。在每个试验小区随机测定15株植株的高度，重复3次，用植高度除以上次刈割（出苗）到本次刈割的时间，表示为这段时间内的生长速度。

$$生长速度 = 株高（cm）/ 间隔天数$$

3. 干草产量

在每一茬的现蕾期，每个试验小区随机选取20cm×30cm样方，离地5cm左右刈割。将鲜草带回实验室装入档案袋，放置烘箱内，105℃杀青30min，调温至80℃烘干至恒重，并折算成干草产量。

三、结果与分析

生产性能

1. 株高

由表5-2可知，不同施肥条件下，中苜3号和甘农4号的不同茬次的株高均存在显著差异（$P<0.05$）。2020年，中苜3号的株高为43.7~61.2cm，NP处理显著最高，N处理显著最低，且与其余各处理存在显著差异；甘农4号的株高为49.1~61.3cm，其中PK处理株高最高为61.3cm，与NPK和NK处理差异不显著，N处理的株高最低为49.1cm，与CK和NP处理无显著差异。

2021年，中苜3号第1茬株高为68.7~83.5cm，N处理显著最高，NP和PK次之，K处理显著最低，NK和CK处理次低且二者之间无显著差异；第2茬的株高为61.9~78.7cm，其中NPK处理显著最高，PK和N处理次高，CK最低且与K处理之间无显著差异；第3茬株高为中NPK处理显著最高，N和PK处理次之，K处理最低，且与CK和P处理之间无显著差异。

甘农4号第1茬株高为75.3~91.5cm，NK处理最高，P和PK处理次之，其余各处理之间无显著差异，其中 K 处理最低，CK 次低；第 2 茬株高为 70.6~88.4cm，NK 显著最高，P 处理次之，K 处理显著最低，PK 和 CK 次低；第 3 茬株高为 60.4~83.2cm，NP 处理显著最高，NK 次之，K 显著最低，CK 次之。

2020 年和 2021 年 4 茬次中大部分肥料处理的株高大于对照组 CK，这表明施肥可以提高紫花苜蓿的株高。2021 年每一茬次的平均株高均大于 2020 年的平均株高，且 2 个品种紫花苜蓿 2021 年第 1 茬平均株高均高于其余茬次。2021 年中，紫花苜蓿的株高随时间变化呈逐渐降低趋势。中苜 3 号中，N 和 NPK 处理在 2020 年对于株高的促进作用并不显著，但在 2021 年中，NPK 和 N 处理可显著提高紫花苜蓿的株高；甘农 4 号中，NK 处理在 2 年 4 茬次中均表现良好。2 个品种中，K 处理与对照组 CK 在大部分茬次中无显著差异，表明施 K 对于紫花苜蓿的株高无明显作用，并且还存在一定的抑制作用。

表 5-2 不同施肥条件下紫花苜蓿的株高 (cm)

品种	处理	2020年 第1茬	2021年 第1茬	2021年 第2茬	2021年 第3茬
中苜3号	CK	51.0 ± 0.4c	71.4 ± 1.2bc	61.9 ± 0.7c	62.1 ± 0.5c
	N	43.7 ± 0.7d	83.5 ± 0.7a	71.8 ± 2.5b	72.1 ± 1.1ab
	P	56.7 ± 1.9b	77.3 ± 1.3ab	67.3 ± 1.1bc	63.6 ± 0.3c
	K	55.9 ± 1.0b	68.7 ± 1.6c	62.6 ± 3.0c	61.3 ± 1.4c
	NP	61.2 ± 0.7a	79.9 ± 0.6a	64.5 ± 2.5bc	68.4 ± 2.1b
	NK	54.8 ± 0.7b	71.9 ± 2.7bc	69.4 ± 0.6bc	67.2 ± 1.3b
	PK	48.5 ± 0.9c	78.8 ± 1.3a	72.3 ± 0.8b	72.0 ± 1.3ab
	NPK	50.7 ± 1.4c	77.7 ± 2.6ab	78.7 ± 2.0a	76.2 ± 0.5a
甘农4号	CK	49.3 ± 1.2c	76.6 ± 1.4	73.5 ± 2.1cd	63.2 ± 1.9de
	N	49.1 ± 0.3c	75.8 ± 2.4	80.1 ± 1.4bc	67.6 ± 1.4cd
	P	55.7 ± 0.6b	90.2 ± 0.8a	83.9 ± 2.0ab	74.0 ± 2.0bc
	K	53.6 ± 1.1b	75.3 ± 0.8	70.6 ± 2.7d	60.4 ± 1.0e
	NP	49.9 ± 1.9c	78.0 ± 1.2c	80.5 ± 2.1bc	83.2 ± 1.4a

续表

品种	处理	2020年 第1茬	2021年 第1茬	2021年 第2茬	2021年 第3茬
甘农4号	NK	60.0 ± 1.0a	91.5 ± 2.5a	88.4 ± 1.6a	78.5 ± 1.5ab
	PK	61.3 ± 1.1a	82.9 ± 0.6b	73.3 ± 1.4cd	68.3 ± 1.2cd
	NPK	60.0 ± 1.0a	77.0 ± 0.9c	82.8 ± 1.3ab	72.2 ± 2.4c

注：同列不同小写字母表示不同施肥条件下差异达显著水平（$P < 0.05$），未标注字母表示无显著差异，下同。

2. 生长速度

根据表5-3可见，不同施肥条件下，中苜3号和甘农4号紫花苜蓿的2020年和2021年的不同茬次的生长速度均存在显著差异（$P < 0.05$）。

2020年，中苜3号生长速度为1.04~1.46cm/天，其中NP处理生长速度显著高于其余各处理，相比对照组CK快19.6%，P和K处理次高，N处理显著最低，PK、NPK和CK处理次低，且三者之间无显著差异；甘农4号的生长速度为1.17~1.46cm/天，其中PK处理为1.46cm/天最高，NK和NPK次高，N处理显著最低且与对照组CK无显著差异。

表5-3 不同施肥条件下紫花苜蓿的生长速度（cm/天）

品种	处理	2020年 第1茬	2021年 第1茬	2021年 第2茬	2021年 第3茬
中苜3号	CK	1.22 ± 0.01c	1.40 ± 0.02bc	1.77 ± 0.02c	1.68 ± 0.01e
	N	1.04 ± 0.02d	1.64 ± 0.02a	2.05 ± 0.07ab	1.95 ± 0.03ab
	P	1.35 ± 0.04b	1.51 ± 0.03ab	1.92 ± 0.03bc	1.72 ± 0.01de
	K	1.33 ± 0.02b	1.35 ± 0.03c	1.79 ± 0.09c	1.66 ± 0.04e
	NP	1.46 ± 0.01a	1.56 ± 0.01a	1.84 ± 0.07bc	1.85 ± 0.06bc
	NK	1.30 ± 0.02b	1.41 ± 0.05bc	1.98 ± 0.02bc	1.82 ± 0.04cd
	PK	1.16 ± 0.02c	1.55 ± 0.02a	2.07 ± 0.02ab	1.95 ± 0.03ab
	NPK	1.21 ± 0.03c	1.52 ± 0.05ab	2.25 ± 0.06a	2.06 ± 0.02a

续表

品种	处理	2020年	2021年		
		第1茬	第1茬	第2茬	第3茬
甘农4号	CK	1.17 ± 0.03d	1.70 ± 0.03c	2.10 ± 0.06cd	1.71 ± 0.05de
	N	1.17 ± 0.01d	1.68 ± 0.05c	2.29 ± 0.04bc	1.83 ± 0.04cd
	P	1.32 ± 0.01b	2.00 ± 0.02a	2.40 ± 0.06ab	2.00 ± 0.06bc
	K	1.28 ± 0.02bc	1.68 ± 0.02c	2.02 ± 0.08d	1.63 ± 0.03e
	NP	1.19 ± 0.04cd	1.73 ± 0.03c	2.30 ± 0.06bc	2.25 ± 0.04a
	NK	1.43 ± 0.03a	2.04 ± 0.06a	2.53 ± 0.05a	2.12 ± 0.04ab
	PK	1.46 ± 0.03a	1.84 ± 0.01b	2.09 ± 0.04cd	1.84 ± 0.03cd
	NPK	1.43 ± 0.03a	1.71 ± 0.02c	2.37 ± 0.04ab	1.95 ± 0.07c

2021年，中苜3号第1茬生长速度为1.35~1.64cm/天，N处理显著最高，NP和PK处理次高，K处理显著最低，CK和NK处理次低；第2茬的生长速度为1.77~2.25cm/天，其中NPK处理显著最高，CK最低且与K处理无显著差异；第3茬的生长速度为1.66~2.06cm/天，NPK处理显著最高，N和PK处理次高，K处理最低且与对照组CK无显著差异。甘农4号第1茬生长速度为1.68~2.04cm/天，其中NK处理最高，P处理次高，二者无显著差异，K处理最低，与除PK处理外的其余各处理无显著差异；第2茬的生长速度为2.02~2.53cm/天，NK处理显著最高，NPK和P处理次高，K处理显著最低，CK和PK处理次低；第3茬的生长速度为1.63~2.25cm/天，其中NP处理显著最高，NK处理次高，K处理显著最低，CK次低。

2020年和2021年大部分肥料处理的株高大于对照组CK，这表明施肥可以提高紫花苜蓿的生长速度。2个紫花苜蓿品种2021年的生长速度均高于2020年，且2021年第2茬的生长速度除中苜3号的NP处理外，均高于其他茬次，如图5-1所示。中苜3号的4茬中除2020年第1茬外，其余茬次中NPK处理均排序靠前；甘农4号中NK处理在4茬中生长速度排序靠前。2个紫花苜蓿品种的K处理和对照组CK在不同茬次中，生长速度低于其余各处理，这表明施K对紫花苜蓿的生长速度无明显作用，其余肥料处理有不同程度的促进作用。

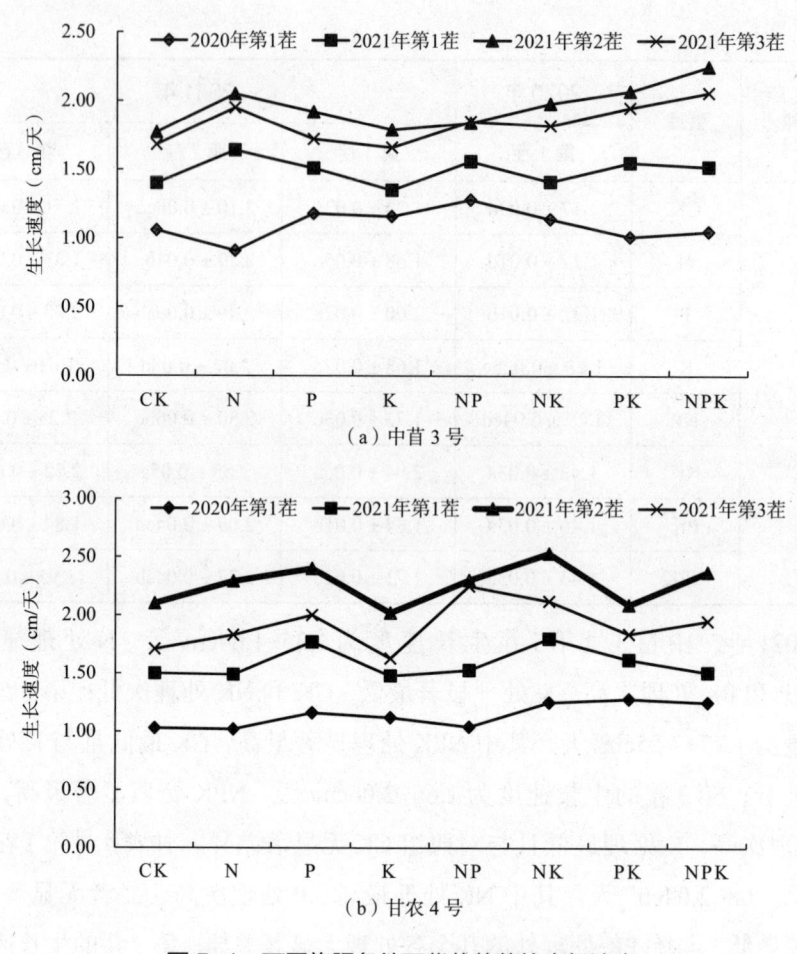

图 5-1 不同施肥条件下紫花苜蓿的生长速度

3. 茎粗

由表 5-4 可见，不同施肥条件下，中苜 3 号 2020 年第 1 茬、2021 年第 3 茬与甘农 4 号 2020 年第 1 茬存在显著差异（$P < 0.05$），其余茬次各施肥处理之间差异不显著。

2020 年，中苜 3 号的茎粗为 1.60~2.24mm，其中 NP 处理的茎粗最大，P 和 NK 处理次之，三者之间无显著差异，N 处理显著最小；甘农 4 号的茎粗为 1.85~2.48mm，其中 PK 处理显著最大，NPK 处理次之，P 处理显著最小，均与其余各处理存在显著差异。

表5-4 不同施肥条件下紫花苜蓿的茎粗（mm）

品种	处理	2020年 第1茬	2021年 第1茬	2021年 第2茬	2021年 第3茬
中苜3号	CK	1.87 ± 0.01ab	3.24 ± 0.10	2.72 ± 0.02	2.57 ± 0.09c
	N	1.60 ± 0.10b	3.18 ± 0.19	2.73 ± 0.05	2.69 ± 0.04bc
	P	2.17 ± 0.22a	3.34 ± 0.21	2.95 ± 0.18	2.75 ± 0.03bc
	K	1.86 ± 0.11ab	3.19 ± 0.17	2.62 ± 0.14	2.65 ± 0.06bc
	NP	2.24 ± 0.10a	3.20 ± 0.10	3.07 ± 0.11	2.77 ± 0.13bc
	NK	2.03 ± 0.12a	3.19 ± 0.20	2.74 ± 0.08	2.85 ± 0.07ab
	PK	1.92 ± 0.11ab	3.15 ± 0.08	3.25 ± 0.41	2.81 ± 0.03abc
	NPK	2.01 ± 0.1ab	3.51 ± 0.22	3.10 ± 0.13	3.03 ± 0.08a
甘农4号	CK	2.05 ± 0.08bc	3.31 ± 0.13	2.96 ± 0.08	2.52 ± 0.07
	N	1.98 ± 0.12bc	3.36 ± 0.23	3.35 ± 0.11	2.67 ± 0.11
	P	1.85 ± 0.10c	3.23 ± 0.05	3.12 ± 0.18	2.84 ± 0.18
	K	2.00 ± 0.11bc	3.36 ± 0.10	2.92 ± 0.01	2.56 ± 0.07
	NP	2.20 ± 0.16abc	3.60 ± 0.40	3.02 ± 0.04	2.99 ± 0.07
	NK	2.15 ± 0.04abc	3.29 ± 0.06	3.32 ± 0.18	2.85 ± 0.17
	PK	2.48 ± 0.11a	3.03 ± 0.15	3.03 ± 0.09	2.84 ± 0.10
	NPK	2.29 ± 0.14ab	3.56 ± 0.14	3.16 ± 0.15	2.65 ± 0.16

2021年，中苜3号的第1茬茎粗为3.15~3.51mm，第2茬的茎粗为2.62~3.25mm，两茬次中不同施肥处理间均无显著差异，第1茬中以NPK处理最大、PK处理最小，第2茬中以PK处理最大、K处理最小；第3茬的茎粗为2.57~3.03mm，NPK处理显著最大，NK和PK处理次之，CK显著最低，其余各处理无显著差异。甘农4号的3茬中各肥料处理均无显著差异，第1茬茎粗为3.03~3.60mm，以NP最大，PK最小；第2茬的茎粗为2.92~3.35mm，以N处理最大，K处理最小；第3茬的茎粗为2.52~2.99mm，以NP处理最大，CK最小。

2个紫花苜蓿品种于2020年播种，2021年的不同茬次的茎粗均大于2020

年，以2021年第1茬茎粗最大，这表明茎粗呈逐年增大趋势。2021年2个品种的茎粗大部分茬次差异不显著，2021年不同茬次的茎粗均值随刈割次数呈降低趋势。这表明施肥对种植第一年的紫花苜蓿的茎粗影响较大，对种植第二年各茬次内的影响并不显著，且随刈割次数的增加，茎粗逐渐降低。

4. 茎叶比

由表5-5可见，不同施肥条件下，中苜3号2020年的第1茬与甘农4号紫花苜蓿2021年第2茬各肥料处理间差异不显著（$P > 0.05$），其余茬次均存在显著差异。

表5-5 不同施肥条件下紫花苜蓿的茎叶比

品种	处理	2020年 第1茬	2021年 第1茬	2021年 第2茬	2021年 第3茬
中苜3号	CK	1.54 ± 0.03	2.58 ± 0.06a	2.65 ± 0.03a	2.28 ± 0.13ab
	N	1.54 ± 0.23	2.21 ± 0.06b	2.09 ± 0.14b	1.94 ± 0.03b
	P	1.35 ± 0.08	2.23 ± 0.11b	2.11 ± 0.14b	1.94 ± 0.14b
	K	1.34 ± 0.07	2.58 ± 0.17a	2.67 ± 0.06a	2.03 ± 0.1ab
	NP	1.48 ± 0.06	2.16 ± 0.04b	2.24 ± 0.19ab	2.13 ± 0.14ab
	NK	1.58 ± 0.10	2.20 ± 0.12b	2.24 ± 0.06ab	1.96 ± 0.07b
	PK	1.39 ± 0.06	2.31 ± 0.07ab	2.02 ± 0.05b	2.37 ± 0.12a
	NPK	1.53 ± 0.09	2.21 ± 0.07b	2.62 ± 0.11a	2.02 ± 0.03ab
甘农4号	CK	1.56 ± 0.06ab	2.60 ± 0.03a	2.63 ± 0.01	2.55 ± 0.02a
	N	1.72 ± 0.05a	2.39 ± 0.1ab	2.53 ± 0.14	2.46 ± 0.01ab
	P	1.42 ± 0.03b	2.53 ± 0.02a	2.44 ± 0.09	2.32 ± 0.06c
	K	1.49 ± 0.07b	2.59 ± 0.02a	2.59 ± 0.01	2.45 ± 0.01b
	NP	1.52 ± 0.02ab	2.24 ± 0.11ab	2.41 ± 0.02	2.42 ± 0.01b
	NK	1.61 ± 0.02ab	2.59 ± 0.15a	2.43 ± 0.06	2.44 ± 0.02b
	PK	1.57 ± 0.02ab	2.39 ± 0.07ab	2.52 ± 0.04	2.45 ± 0.01b
	NPK	1.54 ± 0.05ab	2.13 ± 0.04b	2.43 ± 0.18	2.42 ± 0.02b

2020年，中苜3号第1茬的茎叶比为1.34~1.58，各施肥处理之间无显著差异，NK处理茎叶比为最大，K处理最小；甘农4号的茎叶比为1.42~1.72，N处理的茎叶比显著最大，NK和PK处理次之，P处理最小，与对照组CK相比降低了9%。

2021年，中苜3号第1茬的茎叶比为2.16~2.58，K处理的茎叶比为2.58最大，与CK无显著差异，NP处理最小，剩余各处理无显著差异；第2茬的茎叶比为2.02~2.67，K处理最大，CK和NPK处理次之，三者之间差异不显著，PK处理最小，与P和N处理无显著差异；第3茬的茎叶比为1.94~2.37，PK处理显著最高，N处理最低，P和NK处理次之，三者之间无显著差异。甘农4号第1茬茎叶比为2.13~2.60，CK最大，NK和K处理次之，NPK处理显著最低；第2茬的茎叶比为2.41~2.63，CK最大，NP处理最小；第3茬的茎叶比为2.32~2.55，其中CK显著最大，N处理次之，P处理显著最小，其余各处理间无显著差异。

2年不同茬次中，大部分肥料处理的茎叶比要低于对照组CK，这表明施肥可以有效降低紫花苜蓿的茎叶比。中苜3号在4茬次中，P处理的茎叶比均排序靠后，甘农4号中NPK处理的茎叶比排序靠后，这表明，P和NPK分别可有效降低2个品种的茎叶比。2021年中第2茬的均值均大于其余两茬，再次表明施肥可降低紫花苜蓿茎叶比。

5. 干草产量

由表5-6可知，不同施肥条件下，中苜3号2021年第2茬与第3茬和甘农4号2021年第2茬的干草产量各肥料处理间差异不显著，其余茬次的干草产量均存在显著差异（$P<0.05$）。

2020年，中苜3号干草产量为4885.5~6972.8kg/hm²，PK处理干草产量为6972.8kg/hm²，显著高于其余各处理，CK干草产量最低，与N和K处理无显著差异，但与其余处理存在显著差异；甘农4号干草产量为4930.6~7350.6kg/hm²，其中NK处理干草产量为7350.6kg/hm²显著最高，比CK处理提高43.0%，P处理的干草产量显著最低，k处理和CK次之。

2021年，中苜3号第1茬干草产量为6475.0~10104.2kg/hm²，NPK处理最高，与NP处理无显著差异，PK处理最低，其余各处理无显著差异；第2茬干草产量为5782.2~7376.1kg/hm², 各处理间差异不显著, NPK处理最高, CK最低; 第3茬干草产量为5021.7~6075.0kg/hm², 各处理间差异不显著, NP处理产量最高, PK处理干草产量最低。甘农4号第1茬干草产量为6367.1~11127.1kg/hm², P处理干草产量显著最高, N处理干草产量最低, 与K处理无显著差异, 其余处理间无显著差异; 第2茬干草产量为6543.3~10672.8kg/hm², NK处理产量最高, CK最低; 第3茬干草产量为4180.6~8933.9kg/hm², P处理干草产量显著最高, CK显著最低, 其余各处理间无显著差异。

表5-6 不同施肥条件下紫花苜蓿的干草产量 (kg/hm²)

品种	处理	2020年 第1茬	2021年 第1茬	2021年 第2茬	2021年 第3茬	2021年总产量
中苜3号	CK	4885.5±400.9b	7772.9±665.5ab	5782.2±271.0	5477.8±637.2	19032.9±1378.9ab
	N	5016.7±155.4b	8859.2±372.2ab	6598.3±527.3	5904.4±1015.9	21361.9±892.0ab
	P	5717.2±419.2ab	9429.2±1490.5ab	6668.9±455.5	5240.6±176.6	21338.6±1144.7ab
	K	4916.1±274.7b	7800.0±490.5ab	5785.0±213.3	5929.4±555.3	19514.5±587.7ab
	NP	6388.9±517.2ab	9859.2±639.4a	7103.9±623.6	6075.0±877.0	23038.1±842.5ab
	NK	6522.2±391.2ab	8732.9±764.4ab	6803.9±383.7	5665.0±561.6	21201.8±959.0ab
	PK	6972.8±180.0a	6475.0±810.0b	7163.9±428.8	5021.7±493.4	18660.5±1337.3b
	NPK	5947.8±588.1ab	10104.2±1173.1a	7376.1±931.6	6035.0±778.4	23515.3±2102.3a
甘农4号	CK	5140.0±123.2bc	7187.1±758.9ab	6543.3±202.0	4180.6±126.9b	17911.0±741.0c
	N	5485.6±513.9bc	6367.1±1221.0b	7382.8±1776.3	6356.1±642.5ab	20106.0±3350.0bc
	P	4930.6±294.9c	11127.1±1445.1a	9213.3±1062	8933.9±2737.7a	29274.3±3349.7a
	K	5218.9±209.1bc	6593.8±1762.7b	6822.8±685.6	4442.8±400.7ab	17859.3±1935.3c
	NP	6453.9±153.1abc	10723.8±859.7ab	7781.7±985.1	8382.8±1736.7ab	26888.2±2870ab
	NK	7350.6±550.0a	10770.4±148.3ab	10672.8±2371.2	8391.7±1015.8ab	29834.9±3329.6a
	PK	6419.4±351.2abc	7291.3±1658.0ab	7582.8±157.2	4757.2±405.2ab	19631.3±1203.0bc
	NPK	6670.6±374.7ab	8089.4±1218.3ab	8418.3±207.0	7098.9±515.5ab	23606.7±1762.2abc

由图 5-2 可见，中苜 3 号 2021 年总产量为 18660.5~23525.3kg/hm²，其中 NPK 处理干草产量显著最高，PK 干草产量显著最低，其余各处理间无显著差异；甘农 4 号 2021 年总产量为 17911.0~29274.3kg/hm²，NK 处理干草产量最高，P 处理次之，二者之间无显著差异，K 处理最低，CK 次之。

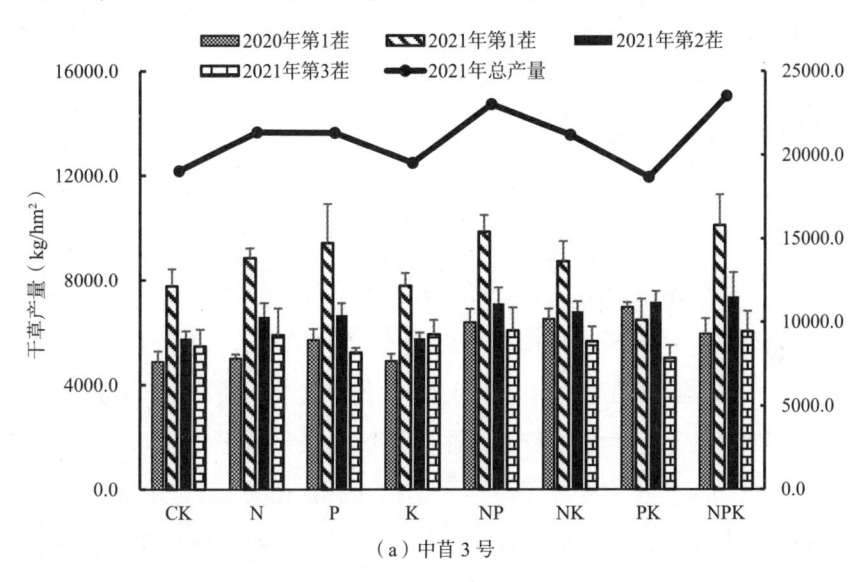

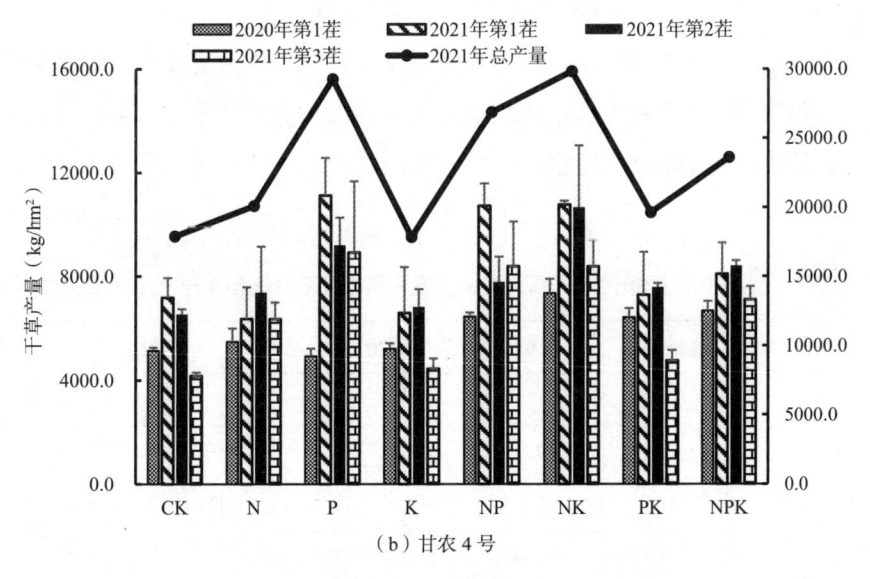

图 5-2 不同施肥条件下紫花苜蓿的干草产量

2个紫花苜蓿品种在不同年度4茬中，大部分肥料处理产量高于对照组CK，这表明施肥可以提高紫花苜蓿的干草产量。在2年4茬次中，P和NPK处理可明显提高中苜3号的干草产量，NK可明显提高甘农4号的干草产量。2021年的第1茬干草产量大部分肥料处理高于其余茬次，2021年3茬大部分肥料处理的干草产量高于2020年，2021年的干草产量随时间变化呈降低趋势，表明紫花苜蓿生长的第二年产量要高于第一年。

6. 干草产量构成因子分析

(1) 相关分析

将株高、茎粗等生长指标与干草产量进行相关分析 (表5-7)，结果表明：中苜3号的干草产量与株高、生长速度呈显著正相关 ($P < 0.05$)，其余指标中，株高与生长速度和茎粗之间呈极显著正相关 ($P < 0.01$)，与茎叶比呈显著负相关，与干草产量呈显著正相关 ($P < 0.05$)；茎叶比与株高和生长速度呈显著负相关。甘农4号的干草产量与株高、生长速度呈极显著正相关 ($P < 0.05$)，其余指标中，株高与生长速度和干草产量呈极显著正相关 ($P < 0.01$)，与茎粗呈显著正相关，与茎叶比呈显著负相关 ($P < 0.05$)；茎粗与株高和生长速度呈显著正相关；茎叶比与株高和生长速度呈显著负相关。

通过相关分析得出，中苜3号和甘农4号2个品种在设置相同的施肥方案下，干草产量与株高和生长速度均呈显著正相关，其中甘农4号呈极显著正相关。这表明，通过施肥提高紫花苜蓿的株高和生长速度是增加干草产量的主要因素。

表5-7 不同施肥条件下株高、生长速度、茎粗和茎叶比与干草产量的相关性

品种	生长指标	株高	生长速度	茎粗	茎叶比	干草产量
中苜3号	株高	1	—	—	—	—
	生长速度	0.995**	1	—	—	—
	茎粗	0.635**	0.609**	1	—	—
	茎叶比	−0.508*	−0.499*	−0.267	1	—
	干草产量	0.476*	0.481*	0.232	−0.161	1

续表

品种	生长指标	株高	生长速度	茎粗	茎叶比	干草产量
甘农4号	株高	1				
	生长速度	0.998**	1			
	茎粗	0.463*	0.496*	1		
	茎叶比	−0.438*	−0.451*	−0.301	1	
	干草产量	0.752**	0.743**	0.341	−0.341	1

注：** 在 0.01 级别（双尾），相关性显著。

　　* 在 0.05 级别（双尾），相关性显著。

（2）回归分析

将2个品种的株高、生长速度、茎粗和茎叶比干草产量进行回归分析，得出以下结果：在分析过程中发现，由于生长速度在株高的基础上得来，两个指标在分析时共线性诊断未通过，经过对比其显著性，得出仅保留株高较为合适。经过分析2个品种均可建立回归模型，其中中苜3号的R方为0.245，甘农4号的R方为0.565，甘农4号的拟合度要优于中苜3号（表5-8）。

表5-8　中苜3号和甘农4号模型摘要[b]

模型	R	R^2	调整后 R^2	标准估算的误差	德宾~沃森
中苜3号	0.495a	0.245	0.132	522.1516	1.734
甘农4号	0.752a	0.565	0.500	1124.1576	2.246

注：a. 预测变量：(常量)，茎叶比，茎粗，株高。

　　b. 因变量：干草产量。

经分析得出表5-9，中苜3号的回归模型为：干草产量=−1570.989+106.472×株高，甘农4号的回归模型为：干草产量=−8667.186+237.324×株高。由于茎粗和茎叶比与干草产量无显著相关性（$P < 0.05$），在回归分析系数表中显著性均大于0.05，未通过检验，不符合建立回归方程的条件。因此，在本结果中，不同施肥条件下，中苜3号和甘农4号的干草产量均与株高密切相关，并且均可建立回归模型。

表 5-9　中苜 3 号和甘农 4 号系数 [a]

模型		未标准化系数		标准化系数	t	显著性	共线性统计	
		B	标准误差	Beta			容差	VIF
中苜 3 号	（常量）	−1570.989	3870.375		−0.406	0.689		
	株高	106.472	48.622	0.618	2.190	0.041	0.474	2.111
	茎粗	−408.589	801.334	−0.129	−0.510	0.616	0.593	1.688
	茎叶比	474.660	908.679	0.118	0.522	0.607	0.737	1.357
甘农 4 号	（常量）	−8667.186	10367.000		−0.836	0.413		
	株高	237.324	56.300	0.750	4.215	0.000	0.687	1.455
	茎粗	−119.879	1853.780	0.011	−0.065	0.949	0.773	1.293
	茎叶比	−304.359	3188.873	−0.016	−0.095	0.925	0.796	1.257

注：a. 因变量：干草产量。

四、讨论

株高是衡量紫花苜蓿生产性能的重要指标。有研究表明，施肥可明显提高紫花苜蓿的株高。(吴波等，2017) 马铁成等 (2020) 研究发现适量施入氮、磷肥可提高阿尔冈金紫花苜蓿株高，一年刈割两茬，随着施氮量的增加，两茬的株高也表现出增高趋势，但磷肥对株高影响较小。本研究发现，施肥可以提高紫花苜蓿的株高，2 年龄的平均株高大于 1 年龄，且 2 年龄的第 1 茬大于其余茬次。也有研究发现，同一年内第 1 茬各肥料处理的平均株高均低于第 2 茬。高阳等 (2017) 在东北对"公农 1 号"紫花苜蓿配施以不同肥料处理。研究表明，在不同肥料处理下，各处理间的株高差异不显著 ($P > 0.05$)，且以未施肥处理的株高 103.20cm 为最高。这与本研究结果不同，可能是由于试验地区域不同、施肥量的多少和品种选择也不一致造成结果存在差异。本研究发现，氮、磷、钾三种肥料配施对于株高的增幅较大，且单施钾肥无明显作用。马宁等 (2018) 研究发现氮、磷、钾配施处理对北林 202 紫花苜蓿的株高增幅大于单施氮、磷、钾肥，钾肥施用量不同的情况下，对株高的影响与对照组 $N_0P_0K_0$ 无显著差异，与本试验中部分茬次结果一致。

生长速度也是生产性能的体现。本研究结果表明，施肥可提高生长速度。氮、磷、钾配施对中苜3号效果明显，氮、钾配施对甘农4号效果明显，其中，钾肥对生长速度作用不明显，氮、磷、钾单施效果低于配施。刘晓静等（2013）研究发现施肥可增加其再生能力，且第2年生长速度显著高于第1年。于铁峰等（2017）磷肥的施入可促进紫花苜蓿的生长，加快植株的再生速度。马宁等（2018）研究发现，与单施氮肥、磷肥、钾肥相比，氮、磷、钾配施处理的生长速度增加幅度更大，氮、磷、钾配施处理条件下的生长速度均显著高于对照组，其中N30P120K100的生长速度最快，达2.05cm/天，以上结果与本研究结果基本吻合。

茎粗指主茎单茎的直径，除了个体发育健壮之外，也是其他生物学性状的综合反映。万里强等（2014）研究发现，随氮肥施入量的增加，紫花苜蓿第1、2和4茬的茎粗呈逐渐增加的趋势，但第3茬紫花苜蓿的茎粗情况与之相反，表现出降低趋势，其中第3茬与第1茬的茎粗之间无显著差异。也有研究发现，同一年内，茎粗随刈割次数增加而降低，第1茬的茎粗普遍大于第2茬。本研究表明，种植第二年紫花苜蓿的茎粗要大于第一年，且第二年茎粗大部分茬次差异不显著，同时2021年不同茬次的茎粗均值随时间呈降低趋势。这表明，施肥对种植第一年的紫花苜蓿的茎粗影响较大，对种植第二年的影响并不显著，且随刈割次数的增加，茎粗逐渐降低。

茎叶比是衡量苜蓿品质好坏的一个重要指标。（田万民等，2006）紫花苜蓿的叶量越多，意味着粗蛋白质含量越高，粗纤维含量也就越低，牧草的品质就越好。本研究表明，大部分肥料处理的茎叶比要低于对照组CK，表明施肥可以有效降低紫花苜蓿的茎叶比。单施磷肥可降低中苜3号茎叶比，氮、磷、钾配施可降低甘农4号的茎叶比。且2021年的第2茬次茎叶比均值大于其余2茬次。孙浩等（2016）研究发现施磷可降低茎叶比，且随刈割次数逐渐降低。李星月等（2015）、马孝慧等（2005）研究表明，施磷肥可降低苜蓿茎叶比，钾肥对茎叶比效果不明显，这与中苜3号结果一致。在同一试验地上，不同品种对肥料表现出不同的结果，品种的差异性也是不可忽略的重要因素。

干草产量是衡量苜蓿生产性能的重要指标。施肥在不同程度上增加干草产量（徐文婷等，2014），单施氮肥可提高建植当年紫花苜蓿的产量，对第二年的增产效果不明显，磷肥和钾肥也有一定增产效果，但是钾肥没有氮肥和磷肥效果明显 (托尔坤等，2009)。本研究发现，中苜3号和甘农4号2个紫花苜蓿品种在不同年度4茬次中，大部分肥料处理产量高于对照组，表明施肥可以提高干草产量。李星月等 (2015) 研究表明适量的氮、磷肥能增加干草产量，钾肥有一定抑制作用，与本研究结果一致。钾对草产量产生了抑制作用，造成这个结果的原因可能是由于试验地本身土壤中含钾素水平过高，影响苜蓿对钙、镁的吸收，从而导致养分失衡，增产效果大打折扣。刘贵河等 (2005) 发现施磷能有效提高苜蓿干草产量，孟凯等 (2007) 发现随着磷肥施入量增加而产量增加。本研究中发现，单施磷肥对甘农4号的增产效果较为明显，但不及氮、磷、钾配合施入增产明显。范富等 (2012) 研究发现当磷肥和钾肥用量一定时，氮肥对3个紫花苜蓿试验品种的草产量影响达到极显著水平 ($P < 0.01$)，且随着氮肥施入量的增加而下降。当氮肥和磷肥用量一定时，紫花苜蓿产量随施入磷肥量的增加而增加，并且在磷肥用量 63.56kg/hm^2 时产能达到最大。当氮肥和磷肥用量一定时，紫花苜蓿产量随着钾肥施入量的增加而先增高后降低。在本研究结果中，氮磷互作对中苜3号促进干草产量的增加，氮钾互作对甘农4号增产作用明显。也有研究发现，氮磷、磷钾互作在一定程度上对苜蓿干草产量的增加有促进作用，而氮钾互作对苜蓿干草产量则存在抑制作用。(苏亚丽等，2011) 这与本研究结果有一定差异，造成此种结果可能和试验地与品种不同有关。

五、结论

本研究表明，施肥可以提高紫花苜蓿的株高、生长速度和干草产量，可降低紫花苜蓿的茎叶比。种植第二年的紫花苜蓿比第一年生长更为旺盛，且株高、茎粗和干草产量随刈割次数增加呈降低趋势。

施肥对种植第一年的紫花苜蓿的茎粗影响较大，对种植第二年的影响并不显著。施肥可降低紫花苜蓿茎叶比，但是减量施肥效果并不明显。紫花苜蓿生长的第二年产量要高于第一年，干草产量也与施肥量的多少有关。株高与干草产量密切相关。

第二节 施肥对紫花苜蓿营养品质的影响

一、试验地概况

试验地位于榆林现代农业科技示范区，地处榆林市牛家梁镇榆卜界村，东经109°45′，北纬38°22′，平均海拔1200m，属于温带半干旱大陆性季风气候，四季分明，日照时间长，无霜期约150天，年平均气温8.6℃，有效积温2847~3428℃，年平均降水量450mm左右，集中在7~9月。供试土壤类型为风沙土，pH为8.2，地势平坦，地下水位较高，便于灌溉，肥力水平中等，有机质含量为3.59g/kg，全氮含量为0.36g/kg，碱解氮含量为48.90mg/kg，有效磷含量为13.95mg/kg，速效钾含量为87.0mg/kg。

二、材料与方法

（一）试验材料

供试品种为甘农4号和中苜3号，购于北京正道种业有限公司。供试肥料氮肥为尿素（含N≥43%）、磷肥为过磷酸钙（含P_2O_5≥8%）、钾肥为硫酸钾（含K_2O≥52%），购于榆林市庄稼汉肥料直销店。

（二）试验方法

供试紫花苜蓿品种设置8个处理（表5-10），每个小区面积为$8m^2$（$2m×4m$），3次重复。试验采取随机区组设计，于2020年5月29日播种，人工开沟进行条播，行距为20cm，播种深度为1~2cm，播种量为$18kg/hm^2$，采用人工铺设地上滴灌带的方式进行灌溉，滴灌带间距设置60cm。施肥量为N：$180kg/hm^2$，P_2O_5：$210kg/hm^2$，K_2O：$150kg/hm^2$，施肥方式为人工撒肥。试验期间统一田间管理，适时除草。2020年为种植第一年，为保证越冬率2020年末未刈割，于2021年4月1日返青。2020年于拔节期一次性施入全部肥量，2021年共计刈割3茬，在第1茬的拔节期施入全部肥量，第2茬不施肥，第3茬在拔节期施入总肥量的30%，在每一茬的现蕾期刈割，采用人工刈割方式，留茬高度3~5cm，每个试验小区刈割样方20cm×30cm，3次重复。

表5-10 不同氮、磷、钾肥料配施处理

处理	施肥量（kg/hm²）		
	N	P₂O₅	K₂O
CK	0	0	0
N	180	0	0
P	0	210	0
K	0	0	150
NK	180	0	150
NP	180	210	0
PK	0	210	150
NPK	180	210	150

（三）测定指标与方法

将测完干草产量的干草样人工剪碎至1cm长短，置于自封袋中，测定营养品质。使用美国Unity公司的近红外光谱仪Spectrastar 1400XT-3，扫描软件为UScan，利用漫反射方式进行样品光谱扫描及信息采集，波长范围1100~2600nm，波长间隔1nm，每个样品重复装样扫描2次取平均值并生成SVF光谱文件，3次重复，定标软件为Ucal，工作条件0~40℃。测定粗蛋白（CP）、粗脂肪（EE）、中性洗涤纤维（NDF）、酸性洗涤纤维（ADF）、粗灰分（Ash）。相对饲喂价值（RFV）由ADF和NDF计算得出，计算公式为：

干物质采食量 $(DMI)=120/NDF$

可消化干物质 $(DDM)=88.9-0.779 \times ADF$

$RFV=DMI \times DDM /1.29$

三、结果与分析

营养品质

1. 粗蛋白（CP）

由表5-11可知，不同施肥条件下，中首3号2020年和2021年共4茬次的粗蛋白含量，各肥料处理间均存在显著差异，甘农4号2021年第3茬差异不显著，其余茬次均存在显著差异（$P < 0.05$）。

2020年，中苜3号粗蛋白含量为18.7%~20.9%，其中P处理含量显著最高，N和NK处理次之，K处理含量最低，且与CK无显著差异；甘农4号粗蛋白含量为19.9%~21.9%，其中P处理含量显著最高，NP次之，N处理显著最低。

2021年，中苜3号第1茬粗蛋白含量为19.3%~22.0%，NP处理含量显著最高，N和NPK处理次之，PK处理含量最低，且与K、CK和NK处理无显著差异；第2茬粗蛋白含量为19.4%~21.0%，N处理含量显著最高，K处理最低且与CK和NPK处理无显著差异，其余各处理无显著差异；第3茬中粗蛋白含量为21.2%~23.3%，N处理含量显著最高，NPK次之，CK含量最低。甘农4号第1茬粗蛋白含量为18.2%~21.1%，NPK处理显著最高，NP次之，CK显著最低，K处理次之；第2茬粗蛋白含量为19.4%~22.4%，NP处理含量显著最高，NPK和P处理次之，N处理显著最低；第3茬粗蛋白含量为20.3%~22.3%，各肥料处理间差异不显著，其中NP处理含量最高，CK含量最低。

2020年和2021年的4茬次中，大部分施肥处理粗蛋白含量高于对照组CK，这表明施肥可以提高紫花苜蓿的粗蛋白含量。中苜3号中，N处理对其2年不同茬次的粗蛋白含量均有促进作用，甘农4号以NP处理效果最为明显。

表5-11　不同施肥条件下紫花苜蓿的粗蛋白含量 %

品种	处理	2020年 第1茬	2021年 第1茬	2021年 第2茬	2021年 第3茬
中苜3号	CK	18.7 ± 0.3^c	$19.4 + 0.3^c$	19.5 ± 0.2^b	21.2 ± 0.1^b
	N	20.0 ± 0.2^{ab}	21.0 ± 0.4^b	21.0 ± 0.3^a	23.3 ± 0.2^a
	P	20.9 ± 0.2^a	20.3 ± 0.3^{bc}	20.4 ± 0.4^{ab}	22.0 ± 0.3^{ab}
	K	18.7 ± 0.2^c	19.3 ± 0.5^c	19.4 ± 0.3^b	21.7 ± 0.1^b
	NP	19.6 ± 0.3^{bc}	22.0 ± 0.1^a	19.9 ± 0.4^{ab}	21.8 ± 0.2^b
	NK	20.2 ± 0.2^{ab}	19.7 ± 0.3^c	20.2 ± 0.1^{ab}	22.3 ± 0.4^{ab}
	PK	19.6 ± 0.1^{bc}	19.3 ± 0.1^c	20.4 ± 0.2^{ab}	21.7 ± 0.1^b
	NPK	19.8 ± 0.4^b	20.8 ± 0.1^b	19.6 ± 0.2^b	22.4 ± 0.7^{ab}

续表

品种	处理	2020年 第1茬	2021年 第1茬	2021年 第2茬	2021年 第3茬
甘农4号	CK	20.7 ± 0.1^{bc}	18.2 ± 0.1^{d}	19.9 ± 0.2^{bc}	20.3 ± 0.1
	N	19.9 ± 0.1^{d}	20.1 ± 0.3^{bc}	19.4 ± 0.6^{c}	21.4 ± 0.2
	P	21.9 ± 0.2^{a}	20.2 ± 0.3^{bc}	20.9 ± 0.3^{b}	21.5 ± 0.2
	K	20.6 ± 0.1^{bcd}	19.6 ± 0.0^{c}	19.8 ± 0.4^{bc}	20.7 ± 0.1
	NP	21.1 ± 0.1^{b}	20.7 ± 0.0^{ab}	22.4 ± 0.2^{a}	22.3 ± 0.4
	NK	21.0 ± 0.1^{bc}	20.1 ± 0.2^{bc}	20.5 ± 0.3^{bc}	21.5 ± 0.2
	PK	20.9 ± 0.2^{bc}	20.0 ± 0.2^{bc}	20.5 ± 0.4^{bc}	21.4 ± 0.3
	NPK	20.3 ± 0.4^{cd}	21.1 ± 0.2^{a}	21.1 ± 0.2^{b}	22.2 ± 0.2

2. 粗脂肪（EE）

由表5-12可知，不同施肥条件下，中首3号和甘农4号在2020年和2021年所有4茬次中，各肥料处理间均存在显著差异（$P < 0.05$）。

2020年，中首3号粗脂肪含量为2.7%~2.9%，K处理显著最高，NK处理最低且与CK无显著差异；甘农4号粗脂肪含量为2.6%~2.8%，其中NK处理的粗脂肪含量显著最高，N处理次之，P处理含量显著最低。

2021年，中首3号第1茬粗脂肪含量为2.55%~2.68%，P处理最高，N处理次之，K处理显著最低，CK次低，其余各处理间无显著差异；第2茬粗脂肪含量为2.52%~2.82%，N处理最高，PK和NP处理次之，CK显著最低，K处理次低；第3茬的粗脂肪含量为2.55%~2.65%，N处理显著最高，CK显著最低，除N处理和CK外其余各处理之间无显著差异。甘农4号第1茬粗脂肪含量为2.61%~2.79%，NK处理含量显著最高，CK最低；第2茬粗脂肪含量为2.7%~3.0%，NK处理显著最高，PK处理次之，N处理显著最低，其余各处理无显著差异；第3茬的粗脂肪含量为2.5%~2.6%，NK处理显著最高，P处理最低且与CK无显著差异，其余各处理无显著差异。

中首3号和甘农4号在2年间不同茬次中，大部分肥料处理粗脂肪含量高于对照组CK，这表明施肥可以提高2个紫花苜蓿品种的粗脂肪含量。中首3号中，2年所有茬次中N处理粗脂肪含量相对较高，PK处理也表现良好；甘农4号中，NK处理在4茬中均显著最高。这表明N和NK在分别提高2个紫花苜蓿的粗脂肪含量方面有明显的效果。

表5-12 不同施肥条件下紫花苜蓿的粗脂肪含量 %

品种	处理	2020年 第1茬	2021年 第1茬	2021年 第2茬	2021年 第3茬
中苜3号	CK	2.7 ± 0.0^c	2.61 ± 0.0^{ab}	2.52 ± 0.0^d	2.55 ± 0.01^b
	N	2.8 ± 0.0^b	2.68 ± 0.0^a	2.82 ± 0.0^a	2.65 ± 0.01^a
	P	2.8 ± 0.0^b	2.68 ± 0.2^a	2.74 ± 0.0^{ab}	2.6 ± 0.01^{ab}
	K	2.9 ± 0.0^a	2.55 ± 0.0^b	2.61 ± 0.0^c	2.58 ± 0.01^{ab}
	NP	2.8 ± 0.0^b	2.65 ± 0.0^a	2.8 ± 0.0^a	2.6 ± 0.03^{ab}
	NK	2.7 ± 0.0^c	2.63 ± 0.0^a	2.67 ± 0.1^{bc}	2.61 ± 0.02^{ab}
	PK	2.8 ± 0.0^b	2.64 ± 0.0^a	2.81 ± 0.0^a	2.58 ± 0.01^{ab}
	NPK	2.8 ± 0.0^b	2.64 ± 0.2^a	2.68 ± 0.0^{bc}	2.63 ± 0.04^{ab}
甘农4号	CK	2.7 ± 0.0^{abc}	2.61 ± 0.0^d	2.8 ± 0.0^b	2.5 ± 0.0^b
	N	2.8 ± 0.0^{ab}	2.67 ± 0.0^c	2.7 ± 0.0^c	2.6 ± 0.0^{ab}
	P	2.6 ± 0.0^d	2.73 ± 0.0^b	2.9 ± 0.0^b	2.5 ± 0.0^b
	K	2.7 ± 0.0^{ab}	2.67 ± 0.0^c	2.9 ± 0.1^b	2.5 ± 0.0^b
	NP	2.7 ± 0.0^{ab}	2.62 ± 0.0^{cd}	2.9 ± 0.0^b	2.5 ± 0.0^{ab}
	NK	2.8 ± 0.0^a	2.79 ± 0.0^a	3.0 ± 0.0^a	2.6 ± 0.0^a
	PK	2.7 ± 0.0^{bc}	2.65 ± 0.0^{cd}	2.9 ± 0.0^{ab}	2.6 ± 0.0^{ab}
	NPK	2.6 ± 0.0^{cd}	2.65 ± 0.0^{cd}	2.9 ± 0.0^b	2.6 ± 0.0^{ab}

3. 酸性洗涤纤维（ADF）

由表5-13可知，不同施肥条件下，中苜3号2021年第2茬存在显著差异，其余茬次不显著；甘农4号除2020年第1茬以外，其余茬次各肥料处理间均存在显著差异（$P < 0.05$）。

2020年，中苜3号的ADF为28.7%~30.2%，各肥料处理间差异不显著，

NP 处理的 ADF 最大，P 处理最小，N 处理次低；甘农 4 号的 ADF 为 27.9%~29.9%，各肥料处理间差异不显著，其中 NPK 处理的 ADF 最大，NK 处理最小。

2021 年，中苜 3 号第 1 茬的 ADF 为 29.8%~30.8%，各处理间差异不显著，K 处理的 ADF 最大，PK 处理最小；第 2 茬的 ADF 为 30.9%~33.3%，CK 的 ADF 最大，K 处理次之且与 CK 无显著差异，PK 处理显著最小；第 3 茬的 ADF 为 30.6%~31.4%，各处理间差异不显著，PK 处理的 ADF 最大，N 处理最小。

表 5-13　不同施肥条件下紫花苜蓿的 ADF%

品种	处理	2020 年	2021 年		
		第 1 茬	第 1 茬	第 2 茬	第 3 茬
中苜 3 号	CK	29.8 ± 0.5	30.6 ± 0.2	33.3 ± 0.4^a	31.0 ± 0.6
	N	29.2 ± 0.4	30.1 ± 0.5	31.6 ± 0.6^{ab}	30.6 ± 0.5
	P	28.7 ± 0.3	30.5 ± 0.3	31.5 ± 0.9^{ab}	31.1 ± 0.5
	K	29.8 ± 0.4	30.8 ± 0.5	33.2 ± 0.4^a	31.1 ± 0.3
	NP	30.2 ± 0.8	30.2 ± 0.2	32.5 ± 0.5^{ab}	31.2 ± 0.5
	NK	29.9 ± 0.4	30.6 ± 1.1	32.7 ± 0.1^a	30.9 ± 0.6
	PK	29.8 ± 0.3	29.8 ± 0.7	30.9 ± 0.4^b	31.4 ± 0.3
	NPK	29.5 ± 0.7	30.2 ± 0.6	31.8 ± 0.3^{ab}	30.7 ± 1.0
甘农 4 号	CK	29.6 ± 0.2	31.4 ± 0.0^a	32.1 ± 0.4^b	33.3 ± 0.1^a
	N	28.0 ± 0.5	29.3 ± 0.6^b	34.5 ± 0.9^a	31.2 ± 0.3^{abc}
	P	28.8 ± 0.4	28.6 ± 0.1^b	31.5 ± 0.7^b	32.6 ± 0.8^{ab}
	K	28.5 ± 0.3	31.5 ± 0.2^a	32.1 ± 0.6^b	33.2 ± 0.3^a
	NP	28.0 ± 0.1	29.6 ± 0.5^b	28.8 ± 0.3^{cd}	30.1 ± 0.7^c
	NK	27.9 ± 0.1	31.3 ± 0.2^a	31.0 ± 0.6^b	30.7 ± 0.8^{bc}
	PK	29.3 ± 0.5	31.4 ± 0.7^a	28.3 ± 0.3^d	30.7 ± 1.1^{bc}
	NPK	29.9 ± 0.7	29.1 ± 0.3^b	30.5 ± 0.4^{bc}	31.0 ± 0.5^{abc}

中苜 3 号在 2 年不同茬次中，大部分茬次中各施肥处理间 ADF 含量差异不

显著，但其中 N 和 P 处理 ADF 在 4 茬中均较低，表明施氮和磷在一定程度上可降低中苜 3 号的 ADF。

甘农 4 号中，除 2020 年第 1 茬以外，2021 年不同茬次中 NP 处理的 ADF 均较小，可有效降低甘农 4 号紫花苜蓿的 ADF。甘农 4 号第 1 茬 ADF 为 28.6%~31.5%，K 处理的 ADF 最大，PK 处理和 CK 次之，P 处理最小；第 2 茬的 ADF 为 28.3%~34.5%，N 处理的 ADF 显著最大，PK 处理显著最小；第 3 茬的 ADF 为 30.1%~33.3%，CK 的 ADF 最大，K 处理次之且与 CK 无显著差异，NP 处理显著最小。

甘农 4 号在 2 年内不同茬次的大部分肥料处理的 ADF 小于对照组 CK，中苜 3 号各茬次之间差异不显著。这表明，施肥可以有效降低甘农 4 号紫花苜蓿的 ADF，但对中苜 3 号效果不显著。2021 年不同茬次的 ADF 均值大于 2020 年，且以第 2 茬的 ADF 均值最高，但第 1 茬和第 3 茬的均值接近。这表明，种植第二年的纤维含量要高于第一年的含量，2021 年内，施肥可降低紫花苜蓿的 ADF 含量。

4. 中性洗涤纤维（NDF）

由表 5-14 可见，不同施肥条件下，中苜 3 号 2020 年和 2021 年第 1 茬、第 3 茬差异不显著（$P > 0.05$），中苜 3 号 2021 年第 2 茬各肥料处理间存在显著差异，甘农 4 号在 2020 年第 1 茬和 2021 年存在显著差异。

表 5-14 不同施肥条件下紫花苜蓿的 NDF%

品种	处理	2020 年	2021 年		
		第 1 茬	第 1 茬	第 2 茬	第 3 茬
中苜 3 号	CK	41.1 ± 0.5	41.3 ± 0.2	44.4 ± 0.2[a]	41.6 ± 0.2
	N	40.0 ± 0.5	40.2 ± 0.4	42.0 ± 0.2[c]	39.7 ± 0.2
	P	39.3 ± 0.5	42.6 ± 0.4	43.7 ± 0.7[ab]	41.3 ± 0.7
	K	41.5 ± 0.4	42.1 ± 1.4	44.3 ± 0.0[a]	41.6 ± 0.1
	NP	41.5 ± 0.9	40.9 ± 0.2	44.0 ± 0.5[ab]	41.5 ± 0.5
	NK	40.4 ± 0.5	41.9 ± 1.2	44.0 ± 0.2[ab]	41.2 ± 0.9
	PK	40.9 ± 0.3	41.1 ± 0.7	43.0 ± 0.1[bc]	41.7 ± 0.4

续表

品种	处理	2020年 第1茬	2021年 第1茬	2021年 第2茬	2021年 第3茬
中苜3号	NPK	40.2 ± 1.0	41.3 ± 0.6	44.1 ± 0.5^{ab}	41.3 ± 1.1
甘农4号	CK	40.3 ± 0.2^a	43.7 ± 0.2^a	43.6 ± 0.7^a	43.0 ± 0.5^a
	N	38.2 ± 0.5^{ab}	40.4 ± 0.7^b	43.8 ± 0.3^a	41.5 ± 0.3^{ab}
	P	38.5 ± 0.4^{ab}	40.1 ± 0.4^b	42.4 ± 0.8^{ab}	42.9 ± 0.5^a
	K	39.2 ± 0.3^{ab}	43.4 ± 0.0^a	44.3 ± 0.2^a	42.6 ± 0.3^{ab}
	NP	37.9 ± 0.2^b	40.8 ± 0.5^b	38.7 ± 0.2^c	40.0 ± 1.0^b
	NK	38.3 ± 0.2^{ab}	43.3 ± 0.2^a	41.4 ± 0.7^b	40.6 ± 0.9^{ab}
	PK	39.7 ± 0.6^{ab}	42.7 ± 0.8^a	38.2 ± 0.4^c	40.8 ± 1.3^{ab}
	NPK	40.4 ± 0.9^a	39.6 ± 0.4^b	41.1 ± 0.4^b	40.6 ± 0.6^{ab}

2020年，中苜3号的NDF为39.3%~41.5%，各处理间差异不显著，NP处理最大，P处理最小；甘农4号的NDF为37.9%~40.4%，NPK的NDF显著最大，CK次之且二者无显著差异，NP处理最小，其余处理无显著差异。

2021年，中苜3号第1茬的NDF为40.2%~42.6%，各处理间差异不显著，P处理最大，N处理最小；第2茬的NDF为42.0%~44.4%，CK的NDF最大，K处理次之且与CK无显著差异，N处理显著最小；第3茬的NDF为39.7%~41.7%，各处理间差异不显著，PK的NDF最大，N处理最小。甘农4号第1茬的NDF为39.6%~43.7%，CK的NDF最大，K处理次之，NPK处理最小；第2茬的NDF为38.2%~44.3%，K处理最大，N处理和CK次之，PK处理最小；第3茬的NDF为40.0%~43.0%，各处理间差异不显著，CK最大，P和K处理次之，NP处理显著最小。

中苜3号在2年所有茬次中，N处理的ADF普遍较小，甘农4号中NP处理的NDF普遍较小，这表明N和NP分别可降低中苜3号和甘农4号的NDF含量。在2年不同茬次中，2个品种的紫花苜蓿大部分施肥处理的NDF小于CK，2021年所有茬次的NDF均高于2020年，且以2021年第2茬次的NDF最高，第1茬和第3茬的NDF均值接近，说明生长第二年的紫花苜蓿纤维含量要高于第一年,施肥可以有效降低紫花苜蓿的 NDF 含量。

5. 相对饲喂价值(RFV)

由表 5-15 可知,不同施肥条件下,中苜 3 号 2021 年的第 2 茬和甘农 4 号的 2 年内所有茬次各肥料处理均存在显著差异,中苜 3 号其余茬次差异不显著($P>0.05$)。

表 5-15　不同施肥条件下紫花苜蓿的 RFV%

品种	处理	2020 年 第 1 茬	2021 年 第 1 茬	2021 年 第 2 茬	2021 年 第 3 茬
中苜 3 号	CK	148.6 ± 1.9	146.4 ± 0.8	131.9 ± 0.6^c	144.6 ± 0.9
	N	153.8 ± 2.5	151.4 ± 2.2	142.3 ± 0.5^a	152.3 ± 0.3
	P	157.5 ± 2.5	142.4 ± 1.8	136.9 ± 3.6^{abc}	145.8 ± 3.4
	K	147.3 ± 2.1	143.6 ± 4.4	132.4 ± 0.5^c	144.6 ± 0.8
	NP	146.9 ± 4.7	148.7 ± 0.9	134.6 ± 2.4^c	144.6 ± 2.7
	NK	151.2 ± 2.8	144.8 ± 6.1	134.1 ± 0.9^c	146.5 ± 4.6
	PK	149.4 ± 1.8	148.8 ± 3.7	140.5 ± 0.8^{ab}	143.8 ± 1.8
	NPK	152.9 ± 5.0	147.4 ± 3.4	135.3 ± 1.1^{bc}	146.7 ± 5.6
甘农 4 号	CK	151.8 ± 0.9^b	137.3 ± 0.6^b	136.1 ± 1.7^c	136.4 ± 1.3^b
	N	163.1 ± 3.2^{ab}	152.5 ± 3.6^a	131.7 ± 0.7^c	144.7 ± 1.6^{ab}
	P	160.6 ± 2.5^{ab}	154.6 ± 1.6^a	141.5 ± 3.9^{bc}	137.7 ± 2.8^b
	K	158.1 ± 1.6^{ab}	137.8 ± 0.4^b	134.1 ± 1.4^c	137.5 ± 1.3^b
	NP	164.8 ± 1.1^a	150.2 ± 2.8^a	159.7 ± 1.5^a	152.3 ± 5.2^a
	NK	163.2 ± 0.9^{ab}	138.5 ± 1.0^b	145.6 ± 3.7^b	149.1 ± 4.9^{ab}
	PK	154.8 ± 3.0^{ab}	140.5 ± 3.6^b	163.0 ± 2.4^a	148.8 ± 6.7^{ab}
	NPK	151.2 ± 4.5^b	155.6 ± 2.0^a	147.5 ± 2.2^b	148.2 ± 3.1^{ab}

2020 年,中苜 3 号的 RFV 为 146.9%~157.5%,各肥料处理间无显著差异,P 处理最大,NP 处理最小;甘农 4 号的 RFV 为 151.2%~164.8%,NP 处理显著最大,NPK 处理显著最小,且与 CK 无显著差异。

2021年，中苜3号第1茬的RFV为142.4%~151.4%，各处理间差异不显著，N处理最大，P处理最小；第2茬的RFV为131.9%~142.3%，N处理显著最大，PK次之，CK最小且与K、NK、NP处理之间无显著差异；第3茬的RFV为143.8%~152.3%，各处理间差异不显著，N处理的RFV最大，PK处理最小。甘农4号的第1茬的RFV为137.3%~155.6%，NPK处理最大，P、N和NP处理次之，三者之间无显著差异，CK最小，且与其余处理无显著差异；第2茬的RFV为131.7%~163.0%，PK处理最大，NP次之，N处理最小，K和CK处理次之，三者之间无显著差异；第3茬的RFV为136.4%~152.3%，NP处理显著最大，CK最小，P和K处理次之，三者之间无显著差异。

中苜3号的所有茬次中，N处理对紫花苜蓿的RFV提高最为明显，甘农4号中NP处理在4茬次中均可显著提高RFV，大部分施肥处理在2年内所有茬次中RFV相比对照组CK有所提高，这表明施肥可提高2个紫花苜蓿品种的RFV，2021年的各茬次均值小于2020年，说明生长第二年的RFV要低于第一年，且以2021年第2茬的RFV均值小于其余各茬次，再次表明施肥在一定程度上可提高紫花苜蓿的RFV。

四、讨论

苜蓿中的粗蛋白、中性洗涤纤维和酸性洗涤纤维含量是评定其营养品质的重要指标。(*Comparative Mapping of Fiber*，2007)其中，粗蛋白含量越高，牧草营养价值越高。(刘继先等，2012)本研究结果表明，施肥可以提高紫花苜蓿的粗蛋白含量，施氮对中苜3号的粗蛋白含量有促进作用，氮、磷配施可以较为明显地提高甘农4号的粗蛋白含量。有研究发现，施氮略微提高了紫花苜蓿粗蛋白含量，同时降低粗纤维含量。(王子杰等，2021)本研究中发现，施磷对生长第一年的紫花苜蓿粗蛋白含量有显著提升，但对第二年的作用不明显。贾珺等(2009)在半湿润偏旱区试验发现，氮、磷配施可大幅提升苜蓿的粗蛋白含量，降低粗纤维含量，提高饲用价值，以氮、磷配比1:4为最佳，施肥水平为N30kg/hm^2+P120kg/hm^2。这与本研究中甘农4号的结果一致。

有研究表明，氮、磷配施可提高粗蛋白和粗脂肪的含量，随施肥量增加而升高。(苏亚丽等，2011)本研究结果表明，施肥可提高2个紫花苜蓿品种的粗脂肪含量。氮肥和磷钾配施对中苜3号效果明显，氮、钾配施对甘农4号效果显著。胡华锋等（2009）研究表明施肥处理粗脂肪含量增幅为15.90%~30.07%，且氮、磷、钾配施要优于单施，这与本研究结果存在分歧，对于中苜3号而言，单施氮肥效果更为明显，这可能与品种自身的差异有关。

有研究发现，氮肥和钾肥施入量的增加，ADF和NDF呈降低趋势（于铁峰等，2007），不同肥料处理对ADF和NDF的含量存在显著影响（蒙洋等，2018），也有不同意见认为氮、磷、钾肥可显著提高粗纤维含量。本研究结果表明，施肥可降低紫花苜蓿的ADF和NDF含量。各肥料处理对于中苜3号的ADF和NDF差异不显著，但氮、磷配施可明显降低甘农4号ADF和NDF的含量；2021年第2茬为施肥，2个品种的ADF和NDF均值为同一年内最高，但施入30%肥料的第3茬均值与施入全部肥料的第1茬之间均值接近，表明施肥可有效降低ADF和NDF含量，但减量施肥对于ADF和NDF含量的影响并不大。

相对饲喂价值是衡量苜蓿品质的重要指标（赵燕梅等，2015），其值越大，代表品质越好。本试验中，不同肥料处理可以提高紫花苜蓿的RFV，中苜3号中，N处理对紫花苜蓿的RFV提高最为明显，甘农4号中NP处理在4茬次中均可显著提高RFV，2021年的各茬次均值小于2020年，说明生长第二年的RFV要低于第一年，由于苜蓿生长发育，第二年茎重变大，茎的纤维含量高，是叶的2~3倍，所以第二年RFV相对第一年有所下降。2021年第2茬未施肥，RFV低于其余2茬，与施肥相比降低了紫花苜蓿RFV的含量。

五、结论

研究表明，施肥可以提高紫花苜蓿的粗蛋白含量和粗脂肪含量。施肥可以有效降低甘农4号紫花苜蓿的ADF，但对中苜3号效果不显著。生长第二年的紫花苜蓿纤维含量要高于第一年，施肥可以有效降低紫花苜蓿的NDF含量。

生长第二年的RFV要低于第一年，且以第2茬的RFV均值小于其余各茬次，再次表明施肥可提高2个紫花苜蓿品种的RFV。

第三节 综合评价施肥对紫花苜蓿的影响

一、隶属函数分析

研究发现，不同指标的方差分析后的结果排序不一致，仅从单一某个指标难以评价各肥料处理间的优劣。因此，选取 2 年间 4 茬次现蕾期的株高、生长速度、茎粗、茎叶比、干草产量、CP、EE、ADF、NDF 和 RFV 能代表的生长指标和营养品质指标进行标准化处理，计算隶属函数值，用标准差系数赋予权重法，对不同肥料的结果进行综合评价，筛选出最佳施肥方案（表 5-16）。

表 5-16 氮、磷、钾配施条件下各指标隶属函数值

品种	处理	株高	生长速度	茎粗	茎叶比	干草产量	CP	EE	ADF	NDF	RFV
中苜 3 号	CK	0.20	0.00	0.14	0.00	0.00	0.00	0.00	0.06	0.14	0.11
	N	0.65	0.66	0.00	0.89	0.44	0.14	1.00	1.00	1.00	1.00
	P	0.47	0.43	0.70	1.00	0.57	0.29	0.72	0.91	0.34	0.46
	K	0.00	0.05	0.08	0.30	0.09	0.43	0.46	0.00	0.00	0.00
	NP	0.73	0.64	0.74	0.73	0.99	0.57	0.79	0.25	0.22	0.22
	NK	0.43	0.45	0.42	0.75	0.69	0.71	0.34	0.23	0.27	0.27
	PK	0.66	0.69	0.64	0.68	0.31	0.86	0.74	0.90	0.37	0.46
	NPK	1.00	1.00	1.00	0.47	1.00	1.00	0.54	0.81	0.34	0.45
甘农 4 号	CK	0.05	0.06	0.00	0.00	0.00	0.00	0.00	0.00	0.00	0.00
	N	0.22	0.26	0.54	0.29	0.18	0.23	0.17	0.35	0.50	1.00
	P	0.75	0.74	0.21	0.77	0.79	0.72	0.17	0.50	0.51	0.31
	K	0.00	0.00	0.00	0.27	0.00	0.23	0.34	0.11	0.08	0.16
	NP	0.54	0.60	1.00	0.91	0.73	1.00	0.25	1.00	1.00	0.93
	NK	1.00	1.00	0.79	0.33	1.00	0.53	1.00	0.56	0.53	0.43

续表

品种	处理	株高	生长速度	茎粗	茎叶比	干草产量	CP	EE	ADF	NDF	RFV
甘农 4 号	PK	0.44	0.40	0.56	0.50	0.21	0.50	0.35	0.67	0.70	0.70
	NPK	0.55	0.57	0.85	1.00	0.51	0.75	0.30	0.60	0.67	0.72

某一指标的隶属函数值越大，代表肥料对其的影响越大。由表 5-16 可知，2 个紫花苜蓿品种的对照组 CK 大部分的隶属函数值为 0.00，表明施肥对 2 个紫花苜蓿品种无论是生产性能还是营养品质方面都有明显的提高。

中苜 3 号中，N 处理在降低茎叶比和纤维含量、提高粗脂肪含量和 RFV 方面有明显作用，但对于茎粗和粗蛋白含量效果不显著。P 处理可提高粗脂肪含量，显著降低 ADF 和茎叶比。K 处理在各个方面均作用不明显，各隶属函数值均仅略高于对照组 CK。NP 处理在提高生产性能和粗蛋白、粗脂肪含量方面效果显著。NK 和 PK 处理在提高粗蛋白含量方面有明显作用，其余指标略低于 NP 处理。NPK 处理在提高株高、生长速度、茎粗、干草产量、粗蛋白含量方面有显著作用，同时也可降低 ADF。

甘农 4 号中，N 处理对于提高紫花苜蓿的 RFV 有明显作用，但对于其余指标，效果不明显。P 处理对于增加茎粗和提高粗脂肪含量与 RFV 的效果不明显外，其他方面均有明显提升。K 处理对于所有指标与对照组 CK 差异不明显，品质指标仅略高于 CK。NP 处理可显著增加茎粗，提高粗蛋白含量、有效降低纤维含量，并提高 RFV，仅对于粗脂肪的效果相对不明显。NK 处理可显著提高株高和生长速度，明显增加干草产量，提高粗脂肪含量。PK 处理在降低纤维含量，提高 RFV 方面表现良好，对于其他方面有不同程度的提升作用。NPK 处理明显提高干草产量，增加茎粗并且提高粗蛋白含量。

综合 2 个品种来看，施肥对紫花苜蓿的生产性能和营养品质均有不同程度的提升。其中，N 对于提高紫花苜蓿的 RFV 有明显作用；P 对于降低茎叶比有明显作用；K 在 2 个品种中，对所有指标的作用均仅略高于对照组 CK，效果最不明显；NP 配合施肥可提高紫花苜蓿生产性能，增加粗蛋白含量；NK 配合施肥可增加干草产量、粗蛋白和粗脂肪含量；PK 配合施肥效果略次于 NP 和 NK，对生产性能和营养指标均有不同程度的提升，NPK 配合施肥可增加茎粗，提高干草产量和粗蛋白含量，对其他方面的提升效果也相对明显。

二、标准差系数权重法分析

使用2年4茬次各指标的平均值，通过标准差系数赋予权重法，得出权重系数，以表示各指标在紫花苜蓿综合品质中所占权重。

由表5-17可知，中苜3号中CP与干草产量所占权重最大，二者可达约0.42，生长速度、茎粗与茎叶比占比约0.36，其余指标对于中苜3号的综合品质决定作用不大。甘农4号中仅干草产量就占比约0.36，株高与生长速度占比约0.28，其余指标均为0.03~0.06，对甘农4号综合品质的决定作用不如干草产量、株高和生长速度这3个指标。

表5-17 氮、磷、钾配施条件下各指标权重系数

品种	处理	株高	生长速度	茎粗	茎叶比	干草产量	CP	EE	ADF	NDF	RFV
中苜3号	CK	63.9	1.48	2.60	2.26	11959.2	19.7	2.60	31.2	42.1	142.9
	N	67.8	1.64	2.55	1.95	13189.3	20.7	2.75	30.4	40.5	150.0
	P	66.2	1.58	2.80	1.91	13527.9	21.7	2.71	30.5	41.7	145.7
	K	62.1	1.49	2.58	2.16	12215.3	22.7	2.67	31.2	42.4	142.0
	NP	68.5	1.63	2.82	2.00	14713.5	23.7	2.72	31.0	42.0	143.7
	NK	65.8	1.59	2.70	2.00	13862.0	24.7	2.65	31.0	41.9	144.2
	PK	67.9	1.65	2.78	2.02	12816.7	25.7	2.71	30.5	41.7	145.6
	NPK	70.8	1.72	2.91	2.10	14731.6	26.7	2.68	30.5	41.7	145.6
	权重系数	0.09	0.12	0.11	0.13	0.18	0.24	0.04	0.03	0.03	0.04
甘农4号	CK	65.7	1.59	2.71	2.34	11525.5	19.8	2.7	31.6	42.7	139.5
	N	68.1	1.66	2.84	2.28	12795.8	20.2	2.7	30.7	41.0	150.9
	P	75.9	1.83	2.76	2.18	17102.5	21.1	2.7	30.4	41.0	143.0
	K	65.0	1.56	2.71	2.28	11539.1	20.2	2.7	31.3	42.4	141.3
	NP	72.9	1.78	2.95	2.15	16671.1	21.6	2.7	29.1	39.3	150.1
	NK	79.6	1.93	2.90	2.27	18592.8	20.8	2.8	30.2	40.9	144.4

续表

品种	处理	株高	生长速度	茎粗	茎叶比	干草产量	CP	EE	ADF	NDF	RFV
甘农4号	PK	71.5	1.71	2.85	2.23	13025.4	20.7	2.7	29.9	40.4	147.5
	NPK	73.0	1.77	2.92	2.13	15138.7	21.2	2.7	30.1	40.4	147.7
	权重系数	0.14	0.14	0.06	0.06	0.36	0.06	0.03	0.05	0.05	0.05

三、综合评价 D 值

试验数据采用 WPS 进行统计处理，SPSS 23.0 进行单因素方差分析，相关分析（皮尔逊相关，双尾检验），回归分析（线性）。试验数据用"平均值 ± 标准误"表示。应用回归分析方法建立株高、生长速度、茎粗和茎叶比与干草产量回归模型。应用隶属函数值、标准差权重系数法对各处理株高、生长速度、茎粗、茎叶比与干草产量和所有营养品质指标进行累加，进行比较并综合评价。对各指标值进行标准化处理，使用下列公式计算，如果指标为负相关，则用反隶属函数进行转换，式中 X_i 为指标测定值，$X_{\min}$、$X_{\max}$ 为所有处理某一指标的最小值和最大值。

$$R(X_i) = (X_i - X_{\min})/(X_{\max} - X_{\min})$$

$$R(X_i) = 1 - (X_i - X_{\min})/(X_{\max} - X_{\min})$$

$$V_j = \frac{1}{\overline{X}_j}\sqrt{\frac{1}{n-1}\sum_{i=1}^{n}(X_{ij} - \overline{X}_j)^2}$$

$$W_j = \frac{V_j}{\sum_{j=1}^{n}V_j}$$

$$D = \sum_{j=1}^{n}[R(X_i) \times W_j]$$

通过公式计算各指标的标准差系数 V_j，各指标的权重系数 W_j，各材料综合评价 D 值，根据 D 值排序，分析各肥料对紫花苜蓿综合性能的影响。V_j 为标准差系数；X_{ij} 为第 j 个指标的第 i 个测定值；$\overline{X}_j$ 为所肥料处理中第 j 个指标测定值的平均值；W_j 为权重系数；D 为综合评价值。

使用隶属函数值与权重系数计算得出综合评价结果 D 值，用此来表示各肥料对于提高紫花苜蓿生产性能和营养品质的综合结果。

由表 5-18 可知，中苜 3 号最终肥料对于紫花苜蓿的综合评价结果 D 值为 0.04~0.84，其从大至小排序为 NPK > NP > PK > NK > P > N > K > CK；甘农 4 号的综合评价结果 D 值为 0.01~0.84，从大至小排序为 NK > NP > P > NPK > PK > N > K > CK。依此表明，施肥可以提高紫花苜蓿的综合品质，NP 对 2 个紫花苜蓿品种均有明显作用，单施 N 和 K 效果不显著，对于不同组合的肥料，品种之间也表现出一定的差异性，NPK 配合施肥对中苜 3 号效果明显，NK 配合对甘农 4 号效果明显。除 NPK、NK 和 P 处理排序有差别外，其他肥料对于 2 个品种 D 值排序基本无差异，不同肥料组合对 2 个品种的结果趋于一致。

表 5-18 氮、磷、钾配施条件下各指标综合评价结果 D 值

品种	处理	株高	生长速度	茎粗	茎叶比	干草产量	CP	EE	ADF	NDF	RFV	D 值	排序
中苜 3 号	CK	0.02	0.00	0.02	0.00	0.00	0.00	0.00	0.00	0.00	0.00	0.04	8
	N	0.06	0.08	0.00	0.12	0.08	0.03	0.04	0.01	0.02	0.02	0.46	6
	P	0.04	0.05	0.08	0.13	0.10	0.07	0.03	0.01	0.01	0.01	0.52	5
	K	0.00	0.01	0.01	0.04	0.02	0.10	0.02	0.00	0.00	0.00	0.19	7
	NP	0.07	0.07	0.08	0.09	0.18	0.14	0.03	0.00	0.00	0.00	0.67	2
	NK	0.04	0.05	0.05	0.10	0.12	0.17	0.01	0.00	0.01	0.01	0.56	4
	PK	0.06	0.08	0.07	0.09	0.05	0.21	0.03	0.01	0.01	0.01	0.62	3
	NPK	0.09	0.12	0.11	0.06	0.18	0.24	0.02	0.01	0.01	0.01	0.84	1
甘农 4 号	CK	0.01	0.01	0.00	0.00	0.00	0.00	0.00	0.00	0.00	0.00	0.01	8
	N	0.03	0.04	0.03	0.02	0.06	0.01	0.01	0.02	0.03	0.05	0.30	6
	P	0.10	0.10	0.01	0.05	0.28	0.04	0.01	0.03	0.03	0.02	0.66	3
	K	0.00	0.00	0.00	0.02	0.00	0.01	0.01	0.00	0.00	0.01	0.06	7
	NP	0.07	0.08	0.04	0.06	0.26	0.06	0.01	0.05	0.05	0.05	0.75	2
	NK	0.14	0.14	0.05	0.02	0.36	0.04	0.03	0.03	0.03	0.02	0.84	1

续表

品种	处理	株高	生长速度	茎粗	茎叶比	干草产量	CP	EE	ADF	NDF	RFV	D 值	排序
甘农 4 号	PK	0.06	0.06	0.04	0.03	0.08	0.03	0.01	0.03	0.04	0.04	0.40	5
	NPK	0.07	0.08	0.05	0.06	0.18	0.04	0.01	0.03	0.03	0.04	0.61	4

四、讨论

苗晓茸等（2019）应用灰色关联度分析得出，生长速度、茎粗与干草产量显著相关。魏臻武等（2007）通过主成分分析表明，刈割、分枝数和株高是决定干草产量的主要因子。本研究结果表明，2 个紫花苜蓿品种的株高和生长速度，与干草产量均存在显著正相关关系，经回归分析发现株高与干草产量密切相关，与前人研究有相似的结果，但又不完全一致，这与所收集形态指标不完全一致有关。

五、结论

施肥对紫花苜蓿的生长和品质都有提高作用，但同一肥料对于不同品种所影响的指标侧重不同。

使用隶属函数值与权重系数计算得出综合评价结果 D 值，用此来表示各肥料对于提高紫花苜蓿生产性能和营养品质的综合结果。结果表明，施肥可以提高紫花苜蓿的综合品质，NP 对于 2 个紫花苜蓿品种均有明显作用，单施 N 和 K 效果不显著，对于不同组合的肥料，品种之间也表现出一定差异性，NPK 配合施肥对于中苜 3 号效果明显，NK 配合对于甘农 4 号效果明显。

第六章 陕北黄土高原紫花苜蓿栽培技术

第一节 黄土山地紫花苜蓿"品"字形宽窄行穴播种植方法

一、技术背景

紫花苜蓿(Medicago sativa)被誉为"牧草之王",具有产草量高、品质优良、适应性强、适口性好,能保持水土、改良沙滩地等生态环境保护功能。紫花苜蓿生长年限长,不需重复耕作,紫花苜蓿草性强,茎叶柔嫩鲜美,不论青饲、青贮、调制青干草、加工草粉、用于配合饲料或混合饲料,应用范围广,各类畜禽都最喜食,是畜牧业发展的首选精饲草。在沙漠地带大面积种植紫花苜蓿,防止沙滩地沙化,改善环境,为养殖业提供牧草,具有重大的经济和环保意义。陕西省榆林市地处毛乌素沙漠和黄土高原过渡地带,为全国非牧区养羊第一大市,属于陕西省传统的农牧交错地区,为温带大陆性季风气候,年均气温8.6℃,年均降雨量371mm,无霜期167天,年均日光照2900小时,年均积温4000℃,发展草牧业具有得天独厚的区位和自然资源优势。

随着榆林地区羊养殖规模的不断扩大,对优质苜蓿草的需求空间也随之增加,当前区域大力发展以现代化种植苜蓿为主的饲草产业。榆林地区南部属于黄土丘陵区且多为山地,降雨量少且土壤水分承载力相对较低。该地传统的紫花苜蓿种植多为穴播或点播种植法,且其株距和行距为相等,基本为40cm×40cm,这会出现苜蓿个体植株过多、不合理密植以及通风透条件差,造成的群体生物量低和病虫害严重等问题。苜蓿种植密度与干草产量密切相关,在当地当时的具体气候和土壤条件下正确处理好植物个体与草地群体的关系,使群体得到最大限度的发展，个体也得到充分生长发育；使单位面积上的光能和地力得到充分的利用，取得同样种植条件下最好的经济效益。

现有技术存在的问题为黄土丘陵区山地紫花苜蓿栽培方法产量低，使得人工紫花苜蓿草地种植很难达到预期效果和经济效益，且关于该地区紫花苜蓿种植中的行株距模式的研究尚未有研究报导。因此，提供一种适合榆林南部黄土丘陵区山地种植紫花苜蓿的技术具有十分重要的生产实际意义。本技术所要解决的技术问题在于克服上述现有技术的缺点，提供一种通风透光好、产量高、增产幅度明显的黄土山地紫花苜蓿品字型宽窄行穴播种植方法。

二、技术内容

1. 土壤预处理

整体要耕翻细耙，地表土壤细碎平整，并彻底清除地面杂草和作物残茬。耕翻深度为15~20cm，平整土地偏差不超过±5cm，细耙土壤，糖平地面，压实表土下陷深度0.5~1cm。

每亩施入腐熟农家肥（羊粪）1500~2000kg和硫酸铵20~25kg，结合土地耕作将农家肥和硫酸铵均匀施入耕作层。

2. 品种选择与准备

选择通过国家或省级审定登记的紫花苜蓿品种，符合秋眠级2~4级以及国家标准GB 6141—2008豆科草种子质量分级二级以上的品种。播种前采用苜蓿中华根瘤菌剂12~15g/亩拌种。经根瘤菌拌种的种子应避免阳光直射，避免与农药、化肥等接触。

3. 播种

春播或夏播均可，春播为每年4月下旬~5月上旬，夏播为每年8月上旬~8月中旬。注意避免开播后暴雨和暴晒。每亩播种量为1.5~2.0kg。

采用品字型宽窄行穴播（见图6-1），即一条种植窄行与相邻一条种植窄行水平平行排列构成一个种植单元，相邻两个种植单元之间构成宽行，种植窄行的行距为15~20cm，宽行的行距为35~40cm，在第一条种植窄行、第二条种植窄行上挖掘有播种穴，第一条种植窄行的播种穴与第二条种植窄行的播种穴呈交错排列，第一条种植窄行和第二条种植窄行上相邻两个播种穴的中心距离为

15~40cm。选用牧草精量播种机或人工点播，播种深度以 1~2cm 为宜，播种后覆盖 1~2cm 厚的土并及时镇压。

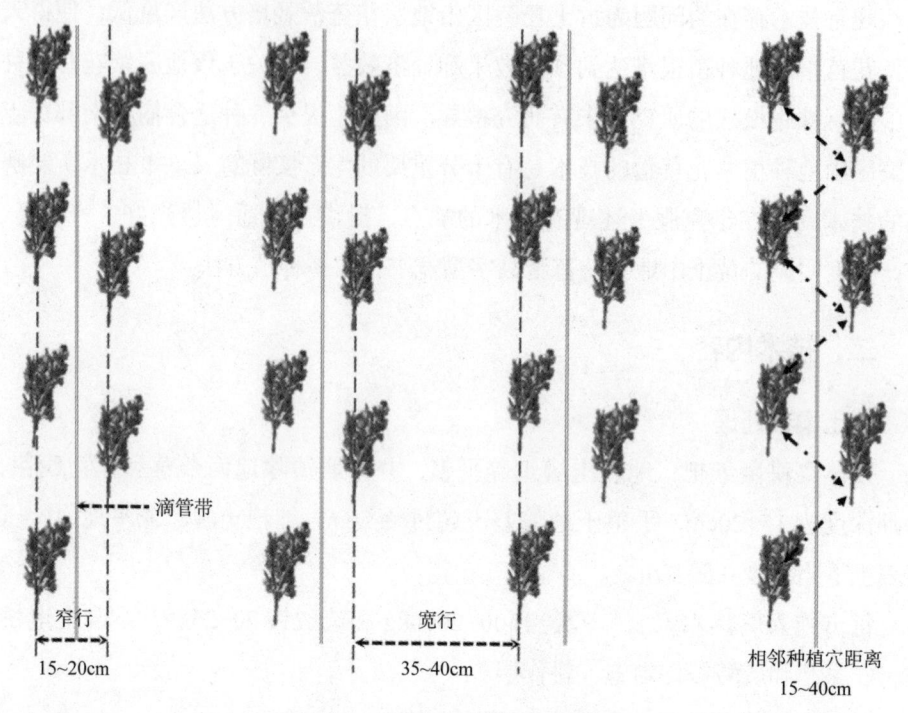

图 6-1　品字形宽窄行模式图

4. 灌溉

采用滴灌，在每个种植单元的第一条种植窄行与第二条种植窄行之间居中位置铺设一条滴灌带，每条滴灌带一端与主输水管相联通，每条滴灌带铺设长度不超过 100m。

采用地下滴灌布管机布设地下滴灌带，滴选用内镶贴片式灌带，地埋深度 20cm，直径 16mm，壁厚 0.4mm，滴头流量 1.5~2.0L/h，滴头间距 30cm，滴灌带布设完成后将地埋分干管及各种连接件安装好备用。

生长期全年灌水量为每亩 360~400m³，灌水时期为每亩 10~30cm 土层的相对含水量降至 60% 以下开始灌溉，每次灌水量为每亩 15~20m³，播种前，灌足底水，土层灌水深度 30cm 以上。

播种后，土层灌水深度 5~30cm，灌水深度先浅后深、逐渐加深，灌水量先小后大、逐渐加大。入冬前，适宜灌溉期为 11 月上旬至 11 月中旬，每亩灌水 20~25m³ 防治冻害。冬季至返青期前，当 2~3cm 表层的土壤相对含水量降至 40% 以下进行灌溉，土层灌水深度 5~20cm，每亩灌水 5~15m³。

5. 施肥

按 NY/T 2700 规定的测土施肥技术，先测定土壤全氮和速效氮、磷、钾含量，根据土壤养分状况进行配方施肥。或采用以下追肥方式：播种前每亩施入尿素 10~12kg、过磷酸钙 16~22kg、硫酸钾 5~8kg。3 月下旬，返青期每亩施入尿素 10~12kg、过磷酸钙 16~22kg、硫酸钾 5~8kg。每次刈割后在每茬苜蓿分枝期每亩追施尿素 10~12kg 和过磷酸钙 16~22kg。用施肥机撒施或条施，尿素等粒状肥料可用播种机条施，或将肥料溶于水中，结合灌溉施入土壤。

6. 杂草防控

耕翻前，对于多年生杂草危害较重的地块，在耕翻前杂草旺盛生长期进行防除。采用质量浓度为 41% 农达进行茎叶喷雾。播种前，采用 48% 地乐胺乳油喷施地表后耙糖，3~5 天后播种。

幼苗期，紫花苜蓿 3 片三出复叶展开、杂草 3~5 叶期进行茎叶处理，采用 5% 普施特（豆草特、豆施乐），或 5% 咪唑乙烟酸水剂 + 16.5% 烯禾啶，或 15% 噻吩磺隆 WP，或 15% 噻吩磺隆可湿性粉剂 + 10.8% 高效氟吡甲禾灵乳油，或 50% 高特克（草除灵）悬浮剂 + 5% 精禾草克（精喹禾灵）乳油，或 50% 高特克（草除灵）悬浮剂 + 10.8% 高效盖草能乳油进行茎叶喷雾。

返青期，春季苜蓿返青后，杂草幼苗期至起身前，采用 5% 普施特（豆草特、豆施乐）水剂进行茎叶喷雾。其他时期发生杂草危害时，若非毒害草，随同紫花苜蓿一同刈割收获。

7. 刈割

建植当年，刈割 1~2 次。建成草地，每年一般刈割 3 次，亦可依据具体情况适当调整刈割次数。刈割时期以现蕾 – 初花期为宜，选择 5d 内无降雨时进行刈割。刈割留茬高度 5~7cm，秋季最后 1 茬留茬高度可适当高点，一般在 8~10cm。

8. 打捆

刈割后就地田间晾晒，当苜蓿干草的含水量小于 18%，可在晚间或早晨进行打捆贮藏。

三、实施案例

为了验证本发明的有益效果，发明人采用本发明实施例 1 的方法进行了田间小规模实验，实验情况如下：

1. 试验过程

陕西省榆林市横山区雷龙湾镇周界村（E109°16′，N37°99′），属于典型的黄土山地，试验地 5 亩，于 2019 年 3 月 22 日至 2019 年 9 月 30 日进行了田间实验。紫花苜蓿在田间的生长情况见图 6-2。由图 6-2、图 6-3 可见，紫花苜蓿在黄土山地生长良好。

图 6-2　黄土山地紫花苜蓿品字型宽窄行穴播种植方法

图 6-3　品字型宽窄行穴播种植结构

2.试验结果

将采集的紫花苜蓿样品，在实验室杀青、烘干、称重，获得每亩干草产量，粉碎，取500g作为样品，按常规检测方法进行粗蛋白、水分、灰分、酸性洗涤纤维、中性洗涤纤维营养品质指标测试。

由表6-1可见，紫花苜蓿干草质量达到中国畜牧业协会标准T/CAAA 001-2018《苜蓿干草质量分级》优级标准。

表6-1 紫花苜蓿生物学与营养品质

种类	成苗率(%)	株高(m)	干草产量(kg)	粗蛋白(%)	灰分(%)	酸性洗涤纤维(%)	中性洗涤纤维(%)	粗脂肪(%)
第一茬	0.99±0.00	0.76±0.03	330±11.23	20.15±1.33	11.83±0.58	30.03±1.45	38.01±1.98	2.55±0.41
第二茬	0.99±0.00	0.78±0.05	311±8.83	21.55±1.25	10.98±0.88	30.01±1.22	38.05±1.76	2.65±0.25

第二节 风沙滩地春播燕麦夏播紫花苜蓿的保护播种栽培方法

一、技术背景

紫花苜蓿(Medicago sativa)具有产草量高、品质优良、适应性强、适口性好，能保持水土、改良沙滩地等生态环境保护功能。在沙漠地带大面积种植紫花苜蓿，防止沙滩地沙化，改善环境，为养殖业提供牧草，具有重大的经济和环保意义。随着榆林地区羊养殖规模的不断扩大，对优质苜蓿草的需求空间也随之增加，当前区域大力发展以现代化种植苜蓿为主的饲草产业。榆林地区北部属于风沙滩区，春季风沙大，且倒春寒严重，春季直接播种苜蓿出现幼苗被冻死或被沙滚死，导致出苗率低、成活率小、产量低且需重复补种等问题。优质紫花苜蓿种植是基于灌溉条件下，本地种植时灌水多以滴灌为主，每次刈割前后需要人工作撤离和重新铺设滴灌带，进而造成滴灌带破坏和增加田间管理成本。紫花苜蓿生长年限长，不需重复耕作。以上存在的技术问题使得该地区进行人工紫花苜蓿种植很难达到预期建设效果和经济效率。因此，提供一种适合榆林北部风沙滩地种植紫花苜蓿的技术和灌水方法具有十分重要的生产实际意义。

本技术采用春播燕麦夏播苜蓿的方法，春播燕麦草提高了3月下旬~5月中旬闲置土地的利用效率，留茬直接夏播紫花苜蓿，解决了风沙草滩区紫花苜蓿人工草地播种当年幼苗成活率低的技术问题，采用立杆喷灌方法，解决了紫花苜蓿刈割时破坏滴管设施和增加劳务成本的技术问题。本技术具有紫花苜蓿成活率高、产量高、经济社会效益显著等优点，在沙漠地带大面积推广种植紫花苜蓿，解决了沙滩地沙化、牛羊牲畜饲喂用草的问题，发展了畜牧业，绿化了沙漠，保护了环境。

二、技术内容

1. 平整沙滩地

选择地势平坦的沙滩地，削岗填洼，消除凸凹不平，平整度偏差不超过±5cm，垫黄绵土厚度15cm，每亩施腐熟农家肥1500kg，施入20kg硫酸铵，深翻沙滩地20cm，结合沙滩地耕作将农家肥和硫酸铵均匀施入耕作层沙滩地，耱平地面，压实表土。

2. 喷灌装置

根据种植面积可采用喷灌机喷灌或地埋式立杆喷灌方法。连片种植面积大于100亩可以采用喷灌圈种植方法，使用指针式喷灌机或平移式喷灌机；种植面积小于100亩采用地埋式立杆喷灌，立杆安装时株行距均为25m，立杆总长为2.2m，其中露出地面1.2m，埋入地下深度为1.0m，立杆底部地下1m处连接供水管，立杆顶部设有涡轮蜗杆喷枪，射程为32~41m。

3. 春播燕麦

3月下旬选择优质燕麦品种播种，播种量为每亩10~15kg，条播行距20cm，播种深度为3~5cm，播种均匀，深浅一致，播后镇压使沙滩地和种子密切结合。

4. 燕麦田间管理

燕麦田间管理为：播种前灌足底水，灌水深度30cm，播种后苗期、拔节期和孕穗期每次灌水深度10~30cm，每亩每次灌水量为25m^3，每次灌水时期为10~30cm土层，沙滩地相对含水量降至60%时开始灌溉；燕麦拔节期每亩用

60ml 的 4-D 丁酯，选择晴朗天气均匀喷施进行化学除草，燕麦的分蘖期、拔节期结合灌溉每次每亩追施 5~10kg 尿素，在燕麦抽穗前每亩施 1.5~2kg 磷酸二氢钾。

5. 收割燕麦

6 月下旬燕麦孕穗期时，结合天气情况，收割燕麦草，刈割留茬高度 5~6cm，自然晾晒干，搂草，打捆，干草打捆时含水量低于 14%。

6. 夏播紫花苜蓿

夏播紫花苜蓿的方法为：燕麦收割后留茬种植紫花苜蓿，选择秋眠级 1~4 级的优质紫花苜蓿品种，每亩沙滩地播种量为 1~1.5kg，行距为 10~20cm，播种深度为 2~3cm，播种后及时镇压。

7. 紫花苜蓿田间管理

播种前灌足底水，灌水深度 30cm，播种后灌水深度 5~30cm，全年灌水量为每亩 440m^3，每次灌水量为 25m^3，每次灌水时期为 10~30cm 土层，沙滩地相对含水量降至 60% 时开始灌溉；紫花苜蓿播种前，第 2 茬分枝期时，结合灌溉分别将 10~15kg 尿素、25~30kg 过磷酸钙、5~10kg 硫酸钾施入沙滩地；紫花苜蓿 3 片三出复叶展开，杂草 3~5 叶期时，采用 5% 普施特除草剂进行茎叶喷雾化学除草。

8. 紫花苜蓿刈割

9 月中旬紫花苜蓿现蕾期，结合天气情况选择 5 天内无降雨时进行收割，刈割留茬高度 3~5cm，割下的紫花苜蓿在田间晾晒至含水量小于 18%，打捆贮藏。

三、实施案例

为了验证本技术的有益效果，将本技术实施例的方法进行了田间小规模实验，实验情况如下：

1. 试验过程

陕西省榆林市榆阳区补浪河乡那泥滩村的沙滩地（E108°58′，N37°49′），属于典型的风沙滩地，试验沙滩地 5 亩。2019 年 3 月 22 日至 2019 年 9 月 30 日进行了田间实验，实验方法与实施例 1 相同，燕麦和紫花苜蓿的生长状况见

图 6-4。项目自主研制的立杆喷灌装置见图 6-5。

图 6-4　春播燕麦和夏播紫花苜蓿生长情况

图 6-5　自主研制的立杆喷灌装置

2. 试验结果

采集的燕麦和紫花苜蓿样品，在实验室杀青，烘干，称重，获得每亩干草产量，粉碎，取 500g 作为样品，按常规检测方法进行粗蛋白、水分、灰分、酸性洗涤纤维、中性洗涤纤维营养品质指标测试，测试结果见表 6-2。

表6-2 燕麦和紫花苜蓿生物学与营养品质

种类	成苗率(%)	株高(m)	干草产量(kg)	粗蛋白(%)	灰分(%)	酸性洗涤纤维(%)	中性洗涤纤维(%)	粗脂肪(%)
燕麦	0.99±0.00	1.10±0.08	680±19.72	14.18±1.32	9.43±0.56	24.28±1.25	46.17±1.82	2.42±0.23
紫花苜蓿	0.98±0.00	0.78±0.05	431±12.35	20.54±1.43	11.99±0.78	30.01±1.45	37.95±2.33	2.64±0.38

由表6-2可见，燕麦干草质量达到中国畜牧业协会标准T/CAAA 002-2018《燕麦干草质量分级》一级标准，紫花苜蓿干草质量达到中国畜牧业协会标准T/CAAA 001-2018《苜蓿干草质量分级》优级标准。

参考文献

[1] 葛志超,徐伟洲,武治兴,等. 榆林风沙草滩地不同品种紫花苜蓿的根系形态特征[J]. 贵州农业科学,2022,50(8):54-63.

[2] 史雷,徐伟洲,武治兴,等. 榆林片沙覆盖黄土区20个引进紫花苜蓿品种的综合性状评价[J]. 饲料研究,2022,45(9):123-128.

[3] 贾雨真,徐伟洲,雷莉,等. 榆林风沙草滩区不同紫花苜蓿农艺性状的综合评价[J]. 黑龙江畜牧兽医,2022,No.643(7):97-104.

[4] 刘怀华,李瑞,雷莉,等. 榆林风沙草滩区不同紫花苜蓿品种农艺性状的比较研究[J]. 陕西农业科学,2022,68(3):38-42.

[5] 常瑜池,徐伟洲,武治兴,等. 氮、磷、钾配施对榆林沙地紫花苜蓿根系性状的影响[J]. 饲料研究,2022,45(5):114-119.

[6] 史雷,徐伟洲. 风沙滩地春播燕麦夏播紫花苜蓿的保护播种栽培方法[J]. 中国畜禽种业,2022,18(2):93.

[7] 雷莉,徐伟洲,贾雨真,等. 氮、磷、钾配施对榆林沙地紫花苜蓿性状、产量和营养品质的影响[J]. 饲料研究,2021,44(19):116-120.

[8] 史雷,高飞,徐伟洲,等. 不同紫花苜蓿品种在榆林风沙草滩区的营养品质综合评价[J]. 陕西农业科学,2021,67(9):28-31,104.

[9] 刘怀华,李瑞,贾雨真,等. 不同紫花苜蓿生物量分配与越冬性状的相关性分析[J]. 山西农业科学,2021,49(3):289-293.

[10] 卜耀军,徐伟洲,李强,等. 14个紫花苜蓿品种在农牧交错区的生长特征及品质[J]. 西北农业学报,2017,26(10):1438-1445.

[11] 李瑞,卜耀军,刘怀华,等. 12种紫花苜蓿种子萌发及幼苗特性探究[J]. 榆林学院学报,2016,26(6):31-34.

[12] 刘怀华，卜耀军，李瑞，等 .10 种紫花苜蓿种子发芽及苗期特性研究 [J]. 榆林学院学报，2016,26(4):23-27.

[13] 徐伟洲，武治兴，刘阳，等 . 沙地紫花苜蓿可拆卸的地埋式立杆喷灌装置 [P]. 陕西省：CN215012278U, 2021-12-07.

[14] 徐伟洲，武治兴，刘阳，等 . 黄土山地紫花苜蓿品字型宽窄行穴播种植方法 [P]. 陕西省：CN113229089A, 2021-08-10.

[15] 徐伟洲，武治兴，刘阳，等 . 风沙滩地春播燕麦夏播紫花苜蓿的保护播种栽培方法 [P]. 陕西省：CN112493059A,2021-03-16.

[16] 雷莉 . 氮磷钾配施对榆林沙地紫花苜蓿生产性能和营养品质的影响 [D]. 榆林学院，2022.

[17] 贾雨真 . 榆林沙区不同品种紫花苜蓿的综合评价及越冬性状研究 [D]. 榆林学院，2022.